記憶と学習を支える分子 カムキナーゼIIの発見

基礎研究の方法と魅力

山内　卓

Takashi Yamauchi

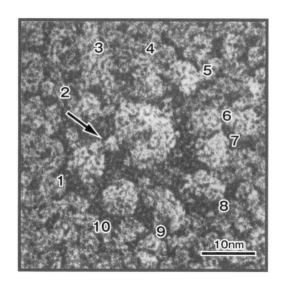

三省堂書店／創英社

記憶と学習を支える分子カムキナーゼ II の発見

基礎研究の方法と魅力

は じ め に

　ヒトの記憶、学習、思考、情動行動等の高次機能はすべて脳において
執り行われており、脳の働きを詳しく知ることほど興味をそそられるも
のはない。このような複雑な脳の情報伝達は神経細胞（ニューロン）内
の分子の働きに基づいているため、脳の高次機能の調節に関わる中心分
子を取り出してその働きを明らかにすることが必要である。カムキナー
ゼ II は現在では記憶と学習を支える分子として認識されている極めて
重要な分子の 1 つである。この本はカムキナーゼ II の発見の経緯を昭
和の生化学研究のひとつとして記憶しておくために書いたものである。

　生命科学分野の研究で新しい分子や新しい生理機能の調節機構を発見
することは、研究者にとって大きな研究目標となっている。多くの研究
者は新しい事象を発見しようと努力している。論文に報告された事象は
世界共通の成果として誰でも知ることができるので、一般に同じような
時期に同じような考えで全く別の研究室で独立に研究していることがよ
く見受けられる。そのため、1 つの現象に対して別々の研究室で、それ
ぞれ自分達が発見者として名乗りを上げることがよくある。このような
時には、最も早く論文発表した研究者が発見者として評価されることに
なる。

　新しい分子を発見するためには、既知の研究論文を調べ何か新しい分
子がないと説明できないような現象がわかると、それを追求することか
ら始めることになる。しかし、文献からでは何から取りかかれば良いか
わからないことが多い。従って自分の目標とする研究を遂行する過程で
既知の知識では説明できない現象に遭遇した時、それを解決する方法を
追求することになる。

　カムキナーゼ II の場合は、最初は脳の働きを分子レベルで研究するた
めに、神経伝達物質であるカテコールアミンとセロトニンの生合成の調

節機構の研究という基礎研究を遂行する過程で、それまで報告のなかった新しいプロテインキナーゼが必要であることに気付き、ラットの脳から発見されたものである。カムキナーゼⅡの発見は研究者として喜びであり、ある程度の価値が認められると思われる。しかし、発見した分子がどれほど重要な分子であるかということはもっと大切である。本書を書くことを考えたのは主に３つ理由がある。第１は、カムキナーゼⅡが発見されると、世界中の多くの研究者が注目し研究が大きく発展し複雑な脳の働きを分子レベルで解析する基盤ができたことである。カムキナーゼⅡは脳でシナプス伝達のほとんどの事象に関与する重要な分子であり、記憶と学習を支えるキープレイヤーとして興味を引く分子であることがわかってきた。つまり、１つの分子の発見から脳研究に新しいアプローチをもたらし、脳の研究が大きく発展したことである。第２は、私たちはカムキナーゼⅡを発見し、さらに研究を進め、カムキナーゼⅡの他に別の重要な分子（活性化タンパク質）を発見し、加えて新しい活性調節機構を発見したことである。つまり、１つのことが明らかになると、研究が広がり思いがけず新しい事象が明らかになることである。最後は、カムキナーゼⅡの発見は、新設の旭川医科大学（旭川医大）で得られた成果であることである。私たちが赴任した当時は、大学の建物はじめ講義室、研究室、研究施設や設備、実験機器・器具や試薬、図書館、病院等何もなく、全くのゼロから整備された生化学研究室で、新しい研究テーマを設定して取りかかり実施された成果である。つまり、どのような環境においても基礎研究を計画的に遂行すれば大きな成果が得られるチャンスに出会うことができるのである。

　このように、一地方の新設医科大学で発見されたカムキナーゼⅡは、その多彩な作用が明らかになるとともに、活性化タンパク質の発見をも誘導し、発見から約40年後も、本酵素の関与する生命現象が毎年論文に発表されている。このことは、新しい発見がもたらす基礎研究の重要性とその影響の大きさを示している。旭川医大での成果は幸運に恵まれたこともあるが、研究目標を設定して、必要な実験条件を整え、基礎研究を進めていけば、地方大学でも大きな発見に結びつくことがあることを

示した。ここにカムキナーゼⅡの発見に関わった一人として、発見に至る経過をまとめ、実際の実験データを使って説明した。この発見は複雑な脳の働きを分子レベルで説明しようと試みた研究から出発したものであるが、神経科学の黎明期に行われた昭和の記録であり、21世紀の脳の時代を先取りする研究でもある。新設医科大学の創設から10年余りの期間の成果であり、生化学関連の講義・実習を受けた学生・大学院生および若手研究者の人達はかなりの部分理解できるように努めたつもりである（コラム1）。令和の時代になり多くの領域で昭和を振り返ることが増えており、その一例ともいえる。また、新型コロナウイルス感染症が世界的なパンデミックを引き起こしており、基礎研究の必要性が認識され、生命科学の基礎研究も注目されている機会である。

　現在の生命科学は40年前の昭和時代の生化学研究と比べると、比較にならないほど研究対象が多様化しており、研究設備、分離・分析機器、器具、手法等が大きく変化し、データの処理も膨大なものになっている。しかし、基礎研究における実験計画を立案し、それを遂行するために最適な条件を整えるという考え方は共通するところがあると思われる。何人もの研究者が何か新しい分子があると思いながらもカムキナーゼⅡのように単離できず発見されなかった分子が、一度論文が発表されるとそれに気付き、多くの研究者が参加してさらに広い範囲で研究が発展することがある。

◆コラム1　本書の記述

　本書では、新設の旭川医科大学の創設と研究室の整備、および、発見した分子と調節機構の特徴を最初に述べる。3章から、研究の流れに沿ってデータを交えて記述する。チロシン水酸化酵素、トリプトファン水酸化酵素、リン酸化、脱リン酸化、カムキナーゼⅡ、活性化タンパク質等について同じ単語を繰り返すが、実験において相互関係をはっきりさせるために繰り返し記述している。それに困惑しないで大まかな関係がわかれば良い。図、表を比較的多く使用し、本文中で述べる結論に至る過程を、代表的なデータについて説

明文中で示すので考えてみてはどうだろう。研究の流れから少し離れた事項をコラム欄に記述した。また、本研究では種々の条件で酵素活性を測定したので、詳細過ぎると思うかもしれないが、反応液の組成を参考資料に掲載した。酵素活性の測定条件を決定することは、未知の分子を追求する第一歩であり、研究の進展に極めて重要である。

目　次

1章　カムキナーゼ II とは

　新設の旭川医科大学で山内卓と藤澤仁等は脳の機能調節を分子の働き
を通して理解するという目的で、神経伝達物質のカテコールアミンやセ
ロトニンの生合成の調節に注目して研究を開始した。これらの神経伝達
物質の生合成は、その律速酵素であるチロシン水酸化酵素やトリプト
ファン水酸化酵素により調節されている。それらの酵素のリン酸化によ
る活性調節機構を調べ、カムキナーゼ II を発見した。また、カムキナー
ゼ II の作用を追求する過程で、チロシン水酸化酵素やトリプトファン水
酸化酵素の活性調節因子として新しい活性化タンパク質も発見されたの
で、このタンパク質についても簡単に記載する。

　現在では、ヒトはじめ多くの生物種でゲノム構造も明らかにされ、生
体の構成因子が意外に少ない分子数からできていると考えられており、
今後は新しい分子を発見するチャンスは極めて限られているかもしれな
い。一方、生体内では多くの分子が複雑な調節を受けていることから、
活性調節の新しいメカニズムはまだ多く発見される可能性があると思わ
れる。カムキナーゼ II と活性化タンパク質は発見から約 40 年経過して
も、2 つのタンパク質に関連する多くの研究が行われていることから、
基礎研究のおよぼす効果や影響は計り知れないものと考えられる。ここ
で、最初にカムキナーゼ II の特徴と役割を簡単にまとめる。ついで、活
性化タンパク質と二段階活性調節機構の注目されるポイントなどを記述
する。

1-1. カムキナーゼ II の特徴と役割

　カムキナーゼ II（カルシウム・カルモデュリン依存性プロテインキナーゼ II の短縮名、海外では CaMKII とも呼ばれる）は、活性にカルシウムとカルモデュリンを必要とするプロテインキナーゼの一種である。カルモデュリンはカルシウム結合タンパク質であり、カルシウムと結合すると多くのタンパク質に結合し、カルシウムシグナル伝達に関わる重要な分子である。プロテインキナーゼは現在 500 種類以上も知られているが、カムキナーゼ II は 1980 年に十数番目に発見されたプロテインキナーゼである。かなり初期から知られているプロテインキナーゼということになる［1, 2, 3］。

　カムキナーゼ II は脳に特に多量に存在し、神経組織でシナプス伝達や可塑性に関わるほとんど全ての神経機能に重要な役割を果たしている。次のような際立った特徴をもつ。

1. 脳において現在知られているプロテインキナーゼの中で最も多量に存在する。特に記憶の中枢の海馬では全タンパク質の 2％ を占める。

2. 基質特異性が広く脳の多種類のタンパク質のリン酸化を行う。

3. 神経活動に伴い細胞内で上昇するカルシウムにより自分自身をリン酸化（自己リン酸化）し、細胞内のカルシウム濃度が低下しても活性を持つ酵素（カルシウム非依存性酵素）に変換される。この独特の活性調節機構のため、カルシウムシグナルの持続機構としての役割をもつ。この機構はカムキナーゼ II が活性を自己調節することにより神経活動の調節を行うという興味深い役割を担うこととなる。

4. 脳の生後の発達過程で時間的・空間的に発現がコントロールされ、シナプス形成の最も盛んな時期に増加し、その後ずっと高い活性を保つ。

5. シナプス伝達の中心部位であるシナプス後肥厚の主要構成分子として、シナプス伝達や可塑性に重要な役割を担う。

　カムキナーゼ II は記憶と学習をはじめ脳の多くの機能に直接関与する重要な分子である。神経刺激に伴い最初にカルシウムが神経細胞内に

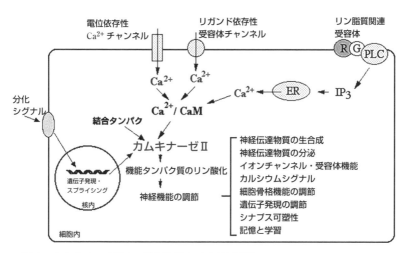

図1：カムキナーゼⅡの神経細胞における役割
　　細胞外の刺激に伴い受容体やイオンチャンネルが活性化されカルシウム（Ca^{2+}）が流入する。あるいは、細胞内プールから Ca^{2+} が放出される。その結果、細胞内の Ca^{2+} が上昇すると Ca^{2+} はカルモデュリン（CaM）に結合し、カムキナーゼⅡを活性化する。カムキナーゼⅡは種々の機能タンパク質をリン酸化し、神経伝達物質の生合成はじめ、細胞の多様な生理的な機能を調節する。カムキナーゼⅡは神経組織において特に多量に存在し活性が強いことから、脳において特に重要である。

　流入すると、カルシウムはカルモデュリンに結合しカムキナーゼⅡを活性化する。活性化されたカムキナーゼⅡは直ちに多くのタンパク質をリン酸化することにより神経細胞が活性化され、つぎの神経細胞にシグナルが伝達される。カムキナーゼⅡは、シナプス機能の調節に広く関与しており、特に記憶と学習のキープレイヤーとして重要である（図1）。
　カムキナーゼⅡは分子量約50万の比較的大きな分子である。電子顕微鏡により分子の姿が鮮明に捉えられた。分子は中央に1つの大きな中心顆粒をもち、周囲に小さな周辺顆粒を8から10個もつ花のような美しい特徴的な分子形態をもつことが明らかとなった［4］（図2）。
　カムキナーゼⅡはほ乳類では4種類のアイソフォーム（α, β, γ, δ）が存在する。中でもαとβアイソフォームは脳に特に多く存在する。そ

図2：カムキナーゼ II の電子顕微鏡写真 [4]

　記憶の中枢である海馬に特に多い α アイソフォーム分子。均一に精製したカムキナーゼ II 分子を液体ヘリウム中で急速凍結し雲母の粒子のバックグランドに固定し撮影した。カムキナーゼ II は花のような美しい形の特徴的な構造をもつ写真が撮影された。分子は 10 個のサブユニットから構成される。それぞれのサブユニットに触媒部位（活性中心）、カルモデュリン結合部位、自己リン酸化部位（調節部位）、サブユニットの会合に関わる部位（会合部位）をもつ。分子は中心の 1 個の大きな顆粒（中心顆粒）と、その周辺の 10 個（1 から 10 の数字で示す）の小さな顆粒（周辺顆粒）から構成される。各々の周辺顆粒はそれぞれのサブユニットにあるリンカー構造（矢印）により中心顆粒と結合する。中心顆粒は各サブユニットの会合部位で集合し 10 量体を形成する。各々の周辺顆粒は触媒部位、カルモデュリン結合部位と調節部位から成る。別の場面では、周辺顆粒にカルモデュリンが結合した写真も撮影された（ここではデータを示していない）。当時は、酵素分子が電子顕微鏡で観察できるとは考えられないことであり、この電子顕微鏡写真は大きなインパクトを与えた。

れぞれのアイソフォームは全身に広く分布し多彩な働きをしている。脊椎動物以外にも海綿動物、線虫、ウニ、アメフラシ、電気ウナギ、イカ、ショウジョウバエ、カエル等、ほとんどすべての生物種の神経組織に見出される。相同性が高く進化の過程で高度に保存されカムキナーゼⅡファミリーを形成する。それぞれの生物にとって必要不可欠な分子であり、多くの分野で研究が遂行されている。

1-2. 新しいタイプの活性化タンパク質の特徴と二段階活性調節機構

　新しい活性化タンパク質は、1981 年に脳からカテコールアミンやセロトニンの生合成の研究過程において、「活性化タンパク質」として初めて精製されたタンパク質である [5]。分子量は約 70,000 で 35,000 のサブユニットからなる二量体であり、その物理化学的性質が明確になった。しかも、この活性化タンパク質は、チロシン水酸化酵素やトリプトファン水酸化酵素がカムキナーゼⅡによりセリンまたはスレオニン残基がリン酸化された後に作用するという全く新しい作用メカニズムを示すことが明らかとなった [6]。

　タンパク質のリン酸化による調節は、タンパク質がリン酸化されると同時に活性化や不活性化される一段階の反応が一般的に知られていた。これに対し、活性化タンパク質による調節は、最初にリン酸化されただけでは活性が変化せず、リン酸化されたタンパク質が次に別のタンパク質により二段階の反応を経て活性化されるという新しい活性調節機構である。この活性化タンパク質は脳の細胞質タンパク質の約 1%近く存在するが、副腎髄質、心臓、骨格筋、肝臓などほとんどすべての組織に存在する。また、その後この活性化タンパク質は多くの研究室で 14-3-3 タンパク質として研究が進められた（8 章参照）。本タンパク質はタンパク質リン酸化を介するシグナル伝達系の仲介分子（アダプタータンパク質）としての役割を果たし、酵母はじめほとんど全ての生物種に存在し、細胞の生存や増殖等重要な役割を果たしていることが明らかになった。

また、進化の過程で高度に保存された1つのファミリーを形成し、現在
も多くの研究が遂行されている。

2章 旭川医科大学の設置と
生化学の研究・教育環境の整備

2-1. 旭川医科大学の創設と生化学講座の開設

　旭川医科大学（旭川医大）は1973年（昭和48年）4月開学の予定であったが、国会での新設医科大学に関する法案通過が遅れ9月29日という変則的な時期に誕生した。創設当時、大学キャンパスには講義棟・研究棟・大学病院等の建物は何一つ建設されていない状況であったが、山田守英学長のもと順次大学の整備が進められた。

　生化学講座は基礎医学の最初の5講座の1つとして設置され、藤澤仁は36歳の若さで教授に就任した。山内卓も講師（後に助教授に昇任）に就任した。藤澤と山内は着任後、旭川市民病院の一室で仕事を開始した（コラム2）。最初に着任した少人数の教授だけで大学の重要事項を極めて短期間に決定し実施することが必要であり、藤澤は大変忙しそうだった。最初の重要な仕事は、学則を決定し、カリキュラム・時間割を作成し、できるだけ速やかに第1回の入学試験を実施し第一期生を迎えることであった。入試は旭川東高校等数カ所に分かれて実施し、採点は北海道大学で教官の援助を受け実施した。直ちに合格発表を行い、11月5日に最初の入学式が実施された。授業は仮校舎（北海道教育大学旭川分校）で行われた。

　また、旭川に医科大学が新設されたことに対する各方面からの協力へのお礼と大学のキャンペーンを兼ねて、着任したすべての教員は手分けして道央・道北・道東方面の市町村を順次訪問した（コラム3）。このキャンペーンは解剖学講座の仲西忠之教授を中心として行われた。旭川医大がこの地方の医療の中核を担い住民の不安を解消できるようになることを報告し協力のお礼を述べると共に、解剖学実習に大切なご遺体の

献体のために白菊会のこともお願いし協力を仰いだ。

　生化学講座については、当初はデスクワークのみで、研究室の運営方法や研究計画、学生の教育計画や講義の準備、実習書の作成等を行った。そこでは学術論文はほとんど閲覧できなかったことから、藤澤は自費で1974年（昭和49年）から The Journal of Biological Chemistry（J. Biol. Chem.）等5種類の学術雑誌を海外の出版社から直接購入し、教室の図書として利用できるようにした（コラム4）。

◆コラム2　慌ただしい赴任

　　旭川医大の教授に内定していた藤澤仁は京都大学医学部卒業後、京都大学（京大）医化学教室で早石修教授の指導のもと大学院を修了し、続いて助手を務めていた。藤澤は酸素添加酵素の反応機構の研究に従事した。新しい酵素を得るために土壌から酵素を極めて多くもつ菌体を単離することに成功した。この菌体から3,4プロトカテキン酸二原子酸素添加酵素を精製し、結晶酵素を得た。この酵素を用いて酵素の反応機構を解析し、酵素・基質・酸素複合体（三者複合体）の形成を証明した。その研究は世界的に高く評価された。助手の期間に約3年間アメリカに留学し、4月の開学に向け帰国予定であった。しかし、開学が見通せない中2ヶ月以上おくれて6月に帰国し落ち着かない状態の中、医化学教室で仕事をしていた。

　　助教授に内定していた山内卓は京大薬学部で大学院を修了した後、酵素反応により生体機能の分子メカニズムを研究する目的で早石修教授が主催する京大医学部医化学教室に移った。研究員としてリジン酸素添加酵素に関する研究に従事し、代謝調節と酵素学の基礎を学んだ。何時開学するかわからないながら、医化学教室で研究を継続していた。

　　9月28日に旭川医大の設置が決定すると、10月初めに藤澤と山内の二人は、藤澤のワゴン車に布団と着替えだけのわずかな荷物を積み慌ただしく京都を出発した。福井県の敦賀港から夜にフェリーで出港し、船中で2泊し、3日目の早朝に北海道の小樽港に到着し

た。車で旭川医大まで行き藤澤と山内が着任し生化学講座が開設した。このような状況から二人はそれぞれしばらく単身赴任することとなった。最初の宿舎として旭川市の借り上げ住宅が提供され、ついで医大宿舎に移り住居の心配がなく生活できた。着任後しばらくすると厳しい冬に向かい、当時は石油危機のため暖房用の灯油が高騰しその確保が困難であったが、幸い事務職員の尽力により灯油の共同購入に加えてもらい暖房には不自由することはなかった。年が明けると藤澤の家族が来られ、ほどなく大学の前に自宅を新築され落ち着かれた。

◆コラム3　道央・道北・道東における旭川医科大学新設に対する期待

　北海道の医療過疎地である道央・道北・道東地方の強い要望にそって、ようやく旭川に国立の医科大学が誘致され誕生した。協力いただいた市町村にお礼をかねて、第一期の教官が交代で道央・道北・道東各地の市町村を訪ねた。毎回一人の教官が解剖学講座の仲西忠之教授と共に、運転手役の事務職員の3名でキャンペーン旅行をした。多くの場合は1泊2日の日程であった。各地で多くの関係者の方の出迎えを受け、医療が十分行き届かない道央・道北・道東地域では非常に歓迎され期待されていることが良くわかった。今後は旭川医大が地域の医療の担い手の中心となり、最新の医療を提供できることを皆様に知らせることができた。また、仲西は解剖学実習に遺体が必要であるので、白菊会のことも知ってもらえるよう努力されていた。仲西とともに山内も北見や網走等の道東に行った。車はスパイクタイヤをはき、雪道を普通の道路のようにかなりの高速で走行した。初めて雪道のドライブで直線道路の中、対向車にほとんど出会うことがなく、一面の雪景色の美しさに見とれていた。この年は第1次石油危機が起こり町中でトイレットペーパーや洗剤がスーパーから消え、石油製品が急騰し、灯油が購入できないという現象が起こった。北見地方では灯油不足で暖房ができず、職員の方々はオーバーを着て仕事をしていた。一方、旭川医大では、幸い

19

事務職員の尽力によりガソリンスタンドの協力が得られ灯油を買うことができ、場所によって灯油等の供給などに差が出て北海道の広さを実感した。

◆コラム4　文献の入手と地元業者の協力

　　旭川医大の図書館は整備に時間がかかり、初期では論文ジャーナルが少なく、論文を調べることは特に不自由であった。藤澤が自費で購入したジャーナル（J. Biol. Chem.；Proc. Natl. Acad. Sci. U.S.A.；Biochem. Biophys. Res. Commun.；Nature；Science；加えて総説誌Annual Rev. Biochem.と論文タイトルの速報誌 Current Contents）を中心に論文を読むが、引用文献を調べることができないことが多かった。他大学の図書館にコピーを依頼することもあったが、時間と手間がかかり不自由であった。出入りの業者と雑談で文献を手に入れるのに苦労している話をすると、業者は本社の者が大学に出入りしており、コピーを取ることができるので協力するから何でも言ってほしいと提案をうけた。文献のコピーを業者に依頼するようになり、研究テーマに関わる引用論文にあまり不自由しなくなった。また、試薬や機器の購入にも地域柄時間がかかるが、これらの地元業者の方々はできるだけ早く納入できるように手を尽くしてくれた。

2-2.　研究体制の整備と初期の研究成果

　1974年（昭和49年）3月に中央研究棟が竣工し、市民病院から中央研究棟に移り、研究機器や器具・試薬等を購入し実験準備にとりかかった。翌1975年（昭和50年）には研究棟が竣工し、生化学研究室は最上階の8階に位置した。直ちに中央研究棟から移動し、本格的に研究を開始した。また、大学の共通研究施設である中央機器センター、RI実験施設、動物実験施設も順次整備された。大学の共通研究施設の整備計画や運営には各研究室から参加し協議しながら、大学全体で利用できるよう配慮

され、研究環境も徐々に整ってきた。

　生化学研究室は研究棟の最上階の部屋で、四季折々に美しく雄大な大雪山系の景色を正面に見、心地よく研究に没頭できる環境であった。教室員は藤澤仁教授、山内卓助教授、山口睦夫助手、木谷隆子教務職員、中田裕康助手、奥野幸子技官が順次着任し研究体制が整えられた。藤澤は早朝に登校し、夕食のため一時帰宅する以外は、夜中まで毎日 15 時間以上仕事をした。

　研究室の研究目標は生体の複雑な仕組みを酵素の働きを通して理解することであった。最初の具体的なテーマは、酸素添加酵素の反応機構、神経伝達物質であるカテコールアミンやセロトニンの生合成の調節機構、ポリアミンの生合成の調節機構、タンパク質リン酸化を介する神経機能の調節等の研究であった。

　研究は文字どおりゼロからの出発で、初めての成果を 1975 年に二原子酸素添加酵素の反応機構に関する研究として Biochem. Biophys. Res. Commun.に発表［7］でき教室員全員大変に嬉しく思った。その後少しずつ論文が発表できるようになった。文部省の科学研究費も採択される機会が増えた。1986 年（昭和 61 年）には「**中枢神経におけるカテコールアミンの生合成の調節に関する研究**」で朝日学術奨励金が与えられ、初めてマスコミに報道された。この研究は旭川の地の利を得て本学で独自に発展したものである。後で詳しく述べるが、研究の最初の成果はカテコールアミンの生合成の律速酵素であるチロシン水酸化酵素のリン酸化による酵素の活性化が証明できたことである。このときウシ副腎髄質から部分精製したチロシン水酸化酵素を使用したが、ウシ副腎は大学の近くの食肉センターからもらって来た。この極めて新鮮な副腎を使用することにより実験に成功したと思われる。この研究が発展し約 10 年で高く評価されたことは非常に幸運であった。

2-3. 教育

　生化学の講義は本学で新しく取り入れられた楔形（くさびがた）教育カリキュラムに基づき、1974年（昭和49年）に教養課程の2年次学生に対して開始した。当時の大学は教養課程と専門課程に分かれており、教養課程が修了した後に、3年次に専門課程の講義が開始されるのが一般的であった。楔形教育カリキュラムというのは、大学の教養課程の講義を行うとともに、一部の専門課程の講義も同じ時期に行い、両課程の講義を楔のように相互に連関させながら進めるという旭川医大がはじめた独特のカリキュラムである。生化学は「ストライヤー生化学」を教科書に採用し、藤澤と山内が分担して、教科書に沿って講義を行った。当時は「ストライヤー生化学」は日本語に翻訳されておらず、学生は英文教科書にかなり苦労していたようであった。

　生化学実習は酵素の基本的性質と反応速度論を解析するかなり高度な実習であった。実習は3年次学生の夏休み前の2週間に集中して行った。1学年100名の学生は5名ずつ20グループに分かれて行った。内容は、バクテリアの酸素添加酵素の一種であるメタピロカテカーゼの精製と性質、およびラット肝臓のミトコンドリア電子伝達系の観察であった。数年後にテーマを乳酸脱水素酵素に関する実験に変更した。各グループはウシ心臓から乳酸脱水素酵素を精製し、自分達のグループで精製した酵素を解析に使用した。グループ間で酵素の純度や活性に大きな違いが出ることがあった。実習機器や器具等は初期には十分でなく、各グループで譲り合いながら使用した。実験は高度で難しく、夜遅くまでかかるグループも多々あったが、スタッフは最後まで付き合うことにした。実習の最終日は討論の日として、各グループでのデータについて討論した。生化学実習を契機として学生が研究室に出入りし、テーマをもって実験に参加するようになった（コラム5）。

　また、看護師育成のため、旭川近郊の永山にある道立看護学校で生化学の講義も担当した。

　その後、生化学第2講座が1977年（昭和52年）に開設され、金澤徹

教授と重川宗一助教授が着任し、講義と実習は両講座で分担することになった。

◆コラム5　夏休み前のバーベキューパーティー

　　生化学実習は3年次学生の夏休み前の2週間に集中して行った。実習の内容は乳酸脱水素酵素を用い、酵素反応速度論の基本を実験で確かめるというものであった。また、ラットの組織の酵素活性を調べ、臨床的にも重要な意味を持つ臓器特異的なアイソザイムを調べる実験も含まれている。高度で、正確な実験が要求された。各グループはウシ心筋から乳酸脱水素酵素を精製し、その精製酵素を用いて酵素反応の解析を行う。精製に失敗すると翌日に最初から精製ステップを繰り返すことになった。また、活性が低い酵素しか得られなかったグループはデータがばらつく等の苦労があり、原因を考え再実験することもあった。従って、夜遅くまでかかるグループも多々あったが、スタッフは最後まで付き合っていた。2週間の実習が終了するとスタッフの慰労を兼ね、藤澤宅の庭でバーベキューパーティーが催された。実習が終了すると学生は夏休みに入るが、実習を楽しんだ学生もそこに加わることが多かった。いくら大勢の学生が参加しても藤澤夫人は全て受け入れ、参加者は自由に歓談し楽しい時を過ごした。毎年バーベキューパーティーが行われるようになり、これを契機として学生が研究室に出入りし実験に参加するようになった。一期生の吉川潮君（神戸大学教授）や山本哲君（医師）はじめ、後に何人もの学生が研究室に出入りし、大学院に進学する学生も多くなり研究室は活気に満ちていた。

2-4.　アメリカ留学

　山内は旭川医大の研究室が整備されるまでの1年間海外留学することを試みた。対象の研究室として、酵素の反応機構や代謝調節の研究を活発に行い、生化学分野で最も重要なジャーナルであるJ. Biol. Chem.に多

数の論文を発表している研究室を選んだ。そのために、著名な教授や主任研究員 10 名に手紙を書いた。内容は新設大学で研究室が整備できるまで、1974 年 4 月から 75 年 3 月まで 1 年間留学したいので受け入れてほしいというものである。1 枚 1 枚タイプライターで手紙を書き、履歴書と論文リストを添付して送った。その結果 2 名から受け入れ可能の返事をもらい、アメリカ国立衛生研究所（NIH）の Dr. Seymour Kaufman の研究室に留学することとした。

　Kaufman の研究室では、約 10 名の研究員が研究に従事しており、Kaufman 自身も一人の技術員と一緒に毎日実験をしていた。研究室のアクティビティーは極めて高く、毎週月曜に朝からミーティングを行っていた。研究室の設備は充実しており、種々の実験が研究室内で実施できた。ピペット、試験管、マイクロピペットのチップ等はプラスチック製ですべて使い捨てであった。また、アイソトープを測定するバイアル瓶やガラスの試験管等も多くは使い捨てであり、消耗品が多量に使用されていることに研究費が潤沢であるのだと感じた。さらに、研究室すべての部屋でアイソトープ実験を行うことができることも驚きであった。アイソトープの管理人が週 2、3 回研究室へ無言で入って来て、実験台や床のアイソトープ汚染や、廃棄物のチェックを行い良く管理されていた。また、時々どこかの学生が実験手法や技術を習いに来ており、大学との交流もあった。学生に対して研究者は皆親切に教えていた。山内も電気泳動法やカラムクロマトグラフィーなど何回か教えた。

　Kaufman の研究室では、プテリジンを補酵素とする 3 種類の酸素添加酵素が研究されていた。フェニルアラニン水酸化酵素、チロシン水酸化酵素およびトリプトファン水酸化酵素である。Kaufman はアミノ酸のフェニルアラニンからチロシンを生成する酵素であるフェニルアラニン水酸化酵素の補酵素がテトラヒドロビオプテリンであることを発見したことで有名である ［8］。フェニルアラニン水酸化酵素が欠損すればフェニルケトン尿症という精神疾患を発症することが知られており臨床的にも重要な酵素である。チロシン水酸化酵素はアミノ酸のチロシンからドーパを生成する。ドーパは別の酵素により神経伝達物質のノルアド

レナリン等のカテコールアミンに変換される。チロシン水酸化酵素はカテコールアミン生合成の調節酵素であることが、永津俊治らにより1964年に報告されていた［9］。トリプトファン水酸化酵素は神経伝達物質のセロトニン生合成の調節酵素であり［10］、アミノ酸のトリプトファンから5-ヒドロキシトリプトファンを生成する。

　Kaufman の研究室で山内はチロシン水酸化酵素に関する研究に従事した。テーマは、ウシ脳の尾状核からチロシン水酸化酵素を精製し活性調節を調べることであった。実験材料を入手するため、共同研究者のDr. Tom Lloyd に連れられて NIH から北に車で約1時間半のフレデリックにあるウシの処理施設に行った。施設の係の方と話し合い継続してウシの脳を提供してもらうことができた。一度にウシ20頭の脳をもらい氷冷し研究室に持ち帰る。

　研究室に戻ると、低温室で脳から尾状核を取り出し、直ちに Lloyd により見出された精製の最初のステップであるアセトンパウダーを作成した。アセトンパウダーからバッファーを用いてチロシン水酸化酵素を抽出し、3-ヨードチロシンアフィニティーカラム［11］、ヘパリンアフィニティーカラム［12］、等を用いて精製した。チロシン水酸化酵素活性は、アイソトープの $3,5-{}^3H$ ラベル-L-チロシンからドーパの生成に伴い生成する ${}^3H_2O$ を分離して液体シンチレーションカウンターで測定した。精製したチロシン水酸化酵素は均一ではなかったが、電気泳動の主要なバンドの位置から、サブユニット分子量約60,000のタンパク質であると予想された。実験ノートは帰国時に研究室に残しており、実験結果は論文に仕上げるほど進んでおらず記録がないので、今となっては詳細な方法や結果はよく覚えていない。しかし、この経験が後に旭川医大での研究に生かされた。

3章 研究目標の設定・計画・展望

3-1. 研究目標の設定

　山内は1年間アメリカ国立衛生研究所に留学し、帰国後研究室を整備し、新しい研究テーマを設定することとなった。藤澤と議論し、山内はアメリカ留学で得た経験と日本では当時生化学者は神経科学の分野でほとんど研究していないこともあり、「**神経細胞の働きを分子の働きから理解すること**」を目標に掲げた。そのため最初のステップとして、神経伝達物質として脳で重要なカテコールアミンやセロトニンの生合成の調節機構の研究から開始することにした（図3）。最初に注目したのはチロシン水酸化酵素の活性調節についてタンパク質リン酸化の役割を調べることである。当時、タンパク質リン酸化反応は細胞外の刺激を細胞内に転換する重要な代謝調節機構と考えられていたが、多くの研究にもかかわらず、明確に実証されている研究は少なく、チロシン水酸化酵素についても直接のリン酸化は証明されていなかった。

　一方、海外留学で得た経験を元にして、帰国後日本で同様の研究を進めることは、ライバルが多い他に設備や研究費等、海外との研究環境の違いが大きいため、順調に進めることが難しい時代であった。私たちもチロシン水酸化酵素に関する研究テーマで新しい知見が得られるかどうか迷いはあった。しかし、Kaufmanの研究室やその他の研究室ではチロシン水酸化酵素の精製はまだ成功しておらず、本研究室でも実験材料が入手できれば、このテーマで研究を進めることができると信じ決断した。結果的にはこの決断が成功した。

　タンパク質リン酸化反応は、プロテインキナーゼによりタンパク質のセリンとスレオニン残基の水酸基にATPのγ（ガンマ）位のリン酸基を転移させる反応である。別の種類のプロテインキナーゼによりチロシン

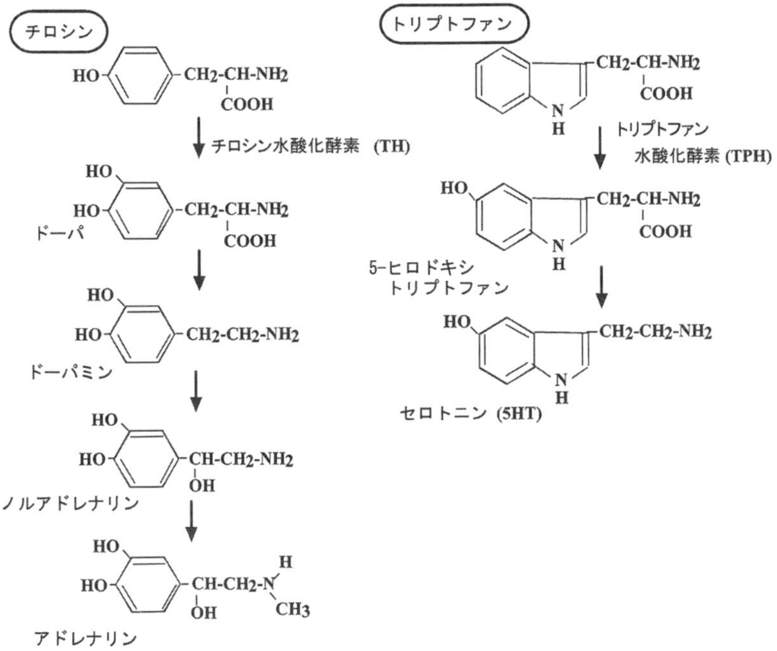

図3：カテコールアミンとセロトニンの生合成経路
　　カテコールアミン（ドーパミン、ノルアドレナリン、アドレナリン）はア
ミノ酸のチロシンから、セロトニン（5HT）はアミノ酸のトリプトファンか
ら合成される。チロシン水酸化酵素（TH）およびトリプトファン水酸化酵
素（TPH）はこれらのアミンの生合成の調節酵素であり、複雑な活性調節
を受ける。THとTPHは芳香族アミノ酸を基質とし、プテリジンを補酵素
とする一原子酸素添加酵素であり類似した性質をもつ。カテコールアミン
やセロトニンは神経伝達物質として脳で重要な役割を担っている。その生
合成の調節機構を明らかにすることは、脳の機能調節の解明の基礎となる
ことから活発に研究されている。

残基がリン酸化される場合もある。リン酸化により負の電荷（マイナスイオン）が導入されるため、局所的にタンパク質の立体構造が変化することにより、酵素が活性化または不活性化される。リン酸化タンパク質はプロテインホスファターゼの作用によりリン酸基が加水分解され除かれ、脱リン酸化されたタンパク質はもとの状態に戻る。タンパク質のリン酸化は可逆的に活性変化を起こすことから生理的に重要な活性調節機構と考えられており、ほとんどすべての細胞に備わった調節機構である（図4）。

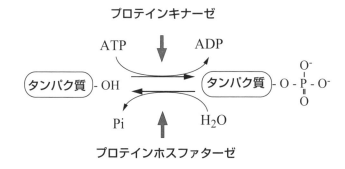

図4：タンパク質リン酸化サイクル
　タンパク質はプロテインキナーゼにより、リン酸化されると局所的に負の電荷（リン酸基）が導入されタンパク質の立体構造（コンフォーメーション）が変化し、活性化または不活性化され機能調節される。リン酸化されたタンパク質は別の酵素のプロテインホスファターゼで脱リン酸化されると構造が元の状態に回復し、リン酸化前の活性に戻る。リン酸化による調節は可逆的であり、生理機能の重要な調節機構でありほとんど全ての細胞に備わっている。プロテインキナーゼとプロテインホスファターゼはリン酸化できるアミノ酸の違いで3タイプに分類される。個々のプロテインキナーゼは基質となるタンパク質に多く存在するセリン、スレオニンまたはチロシン残基の中で、前後のアミノ酸配列を特異的に識別してリン酸化する。

3-2. 研究の意義

　ヒトの記憶、学習、思考および情動行動等に対する脳の働き（神経活動）は未知なことが多く研究対象として極めて興味をそそられる。これらの神経活動は神経細胞（ニューロン）と神経細胞の間で形成される神経回路（神経ネットワーク）によって営まれる。中枢神経では、神経の情報はある神経細胞から次の神経細胞へシナプスにおいて神経伝達物質により伝達される（図5）。シナプスは軸索の終末と樹状突起の間に形成

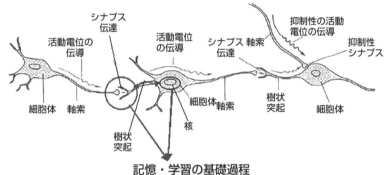

図5：神経ネットワークの伝達の模式図および記憶と学習の基礎過程の研究目標 [2]

　　活動電位が左の神経細胞（ニューロン）の軸索を通過し、中央の細胞を通り右の細胞に到達する。細胞と細胞の間はシナプスで連結され、伝達物質を介して刺激が伝達されることから、伝達は一方向に進む。また、右の細胞体に別の刺激が抑制性の反応を引き起こす場合には、活動電位の伝達は停止する。実際は中枢神経では1つの神経細胞は約1,000個のシナプスを形成しており、複雑なネットワークを形成するが、個々のシナプス伝達や活動電位の伝達には共通のメカニズムが存在する。つまり、記憶と学習の基礎過程は、シナプス間のシグナル、シナプスから核へのシグナル、核からのシグナルの伝達を通じて行われているため、それらの複雑な分子機構を明らかにすることが求められる。

される特殊な伝達装置である。実際には中枢神経では1つの神経細胞は約1,000個のシナプスを形成し、複雑なネットワークを形成し多くの情報伝達を行うことができる。神経細胞は刺激に応じてシナプス伝達効率を変化させることにより体全体の調節に関与する。従って、神経伝達物質の生合成と分泌は極めて合理的に調節されていると考えられるが多くの未知な事柄がある。神経伝達物質として重要なカテコールアミンやセロトニンの生合成の調節の分子メカニズムを明らかにすることは、神経活動の基本的な働きを理解する上で極めて意義深いものである。

3-3. 研究計画

（当時はここに記載するほど詳細に検討したわけでないが、振り返って考えるとこのような過程で実験を遂行し、論文発表したように感じる）

チロシン水酸化酵素はカテコールアミン生合成の調節酵素であり、脳のドーパミンニューロンやノルアドレナリンニューロンで重要な役割を果たしている。また、副腎髄質では、アドレナリンやノルアドレナリンがホルモンとして体調の維持に重要な働きをしている。フェニルアラニン水酸化酵素と同様にプテリジンを補酵素とする酸素添加酵素であり、その活性調節に関して世界中で活発に研究されている。

自分たちが理解する範囲で、当時の論文報告で明らかとなっていた結果：
・チロシン水酸化酵素はカテコールアミン生合成の調節酵素であり [9]、その活性調節機構を明らかにすることは神経伝達の調節を明らかにする上で重要であること
・チロシン水酸化酵素は cAMP 依存性プロテインキナーゼ（A キナーゼ）と ATP-Mg^{2+} の存在下でリン酸化反応を行うと活性化されること [13, 14, 15, 16, 17, 18, 19, 20]

自分たちが理解する範囲で、当時の論文報告で明らかにされていない重要な事項：

・チロシン水酸化酵素は精製が困難であり、精製酵素が得られていないこと

・チロシン水酸化酵素が直接リン酸化されること

・チロシン水酸化酵素がリン酸化されると同時に活性化されること

・もし、チロシン水酸化酵素がリン酸化されると同時に活性化されるなら、リン酸化されたチロシン水酸化酵素は脱リン酸化により元の活性に戻ること

　そこで、当時の論文報告で明らかにされていないこれらの点を明確にすることを研究の目的とした。

研究の遂行上の課題：

・リン酸化の研究は世界中に多くライバルがいること

・チロシン水酸化酵素の材料を入手すること

・チロシン水酸化酵素の活性測定にアイソトープラベル・チロシンを使用することは実験費用やアイソトープ施設の点で新設医大の小さな研究室では現実的でないこと

・リン酸化実験に使用できる純度の高いチロシン水酸化酵素を調製すること

・市販されていない、あるいは市販されていても高価なことや使用期間が限られ研究費の点で負担になるものなど、実験に必要な多くの酵素や材料を文献に従って研究室で調製できること

この課題克服のため：

・実験材料は近くの食肉センターで極めて新鮮なウシ副腎をもらってくることで解決した

・チロシン水酸化酵素活性を測定するために蛍光法を開発することとした

・科学研究費に蛍光光度計を申請した

・副腎髄質からチロシン水酸化酵素を精製した

・必要な実験材料を文献に従って調製することとした

3-4. 科学研究費の申請

　研究を開始するにあたって、1976年度科学研究費を申請しチロシン水酸化酵素活性測定に蛍光光度計を購入することを計画した。申請にあたって研究目標を「**神経細胞の働きを分子の働きから理解すること**」とした。その研究の遂行にはチロシン水酸化酵素活性を測定するために、蛍光光度計を購入すること必須であることを述べ、詳細な実験計画を記載した。すなわち、(1) 蛍光光度計が購入できれば、最初に、チロシン水酸化酵素活性の測定法を開発すること、(2) チロシン水酸化酵素活性が感度よく測定できれば、その活性調節機構を分子レベルで解析することができること、(3) カテコールアミンの生合成の調節が明らかとなれば、神経細胞の働きを分子の働きとして理解できること等を記述した。その結果、科学研究費が採択され、島津製 RF-510 蛍光光度計を購入することができた。このことは、実際の研究を開始する前の計画段階で、研究の遂行が期待されたことを意味しており、私たちの研究意欲が大いに高まった。

3-5. 蛍光法によるチロシン水酸化酵素活性の測定法の開発

　チロシン水酸化酵素は、アミノ酸のチロシンからドーパを生成する反応を触媒する。その活性は、一般に2つの方法で測定されていた。1. アイソトープの $3, 5-^3H$ ラベル-L-チロシンからドーパの生成に伴い生成する ^3H_2O を分離して液体シンチレーションカウンターで測定する方法 [21]、2. $1-^{14}C$ ラベル-L-チロシンから生成したドーパに脱炭酸酵素を作用させ、生成した $^{14}CO_2$ をアルカリ条件下でトラップして液体シンチレーションカウンターで測定する方法 [22] であった。しかし、旭川

医大ではアイソトープを用いる活性測定は費用がかかることから、この方法は現実的でなかった。一方、アイソトープを用いないで蛍光法により測定する方法も検討されていた [23] が、操作が煩雑で感度が低いことから一般には使用されていなかった。反応生成物のドーパはトリヒドロキシインドール法により強い蛍光物質に変化することが報告されていた [24]。

　これらのことを参考にして、1. 生成物のドーパを効率よく分離する方法、2. 強い蛍光物質に変換させる条件、3. 蛍光光度計で測定する条件を詳細に検討した。カテコール体が分子内に存在するとアルミナに吸着する性質が知られており、ドーパの分離にアルミナを使用した。基質のチロシンはアルミナに吸着しないので生成物のドーパと分離することができるのでないかと考え、いくつかの条件を検討した。その結果、ドーパは pH 8.4 でアルミナに吸着させ、アルミナを十分水洗した後、吸着しているドーパを 0.1 N HCl で溶出し、中和した後、トリヒドロキシインドール法により強い蛍光物質に変換した。その蛍光は 360 nm の波長で励起し、490 nm の放出波長で測定した。最も基本となる定量性を示すデータである検量線を示す（図 6）[25]。

　この検量線が書けたことは大変な喜びであった。最も心配していたことはアルミナによる吸着と溶出の過程において、少量のドーパが定量的に回収されるかということであった。この方法では広い濃度範囲でドーパの回収率に差がなく定量的であった。この方法は簡単で迅速に測定でき、再現性も良く、チロシン水酸化酵素活性に測定に必ず使用できると考え、いよいよ目的の研究に取りかかれるという希望が出てきた。

3-6.　ウシ副腎髄質をチロシン水酸化酵素の材料源とする

　蛍光法によりチロシン水酸化酵素の活性を測定するためには、最初にチロシン水酸化酵素を入手することが必要である。酵素源としてウシ副腎を検討した。副腎髄質はカテコールアミンのアドレナリンとノルアドレナリンを豊富に含み、血糖値や神経活動の調節に関わる重要な内分泌

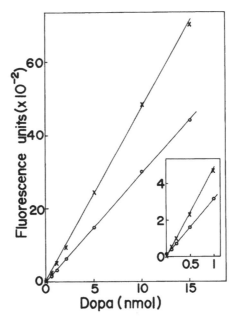

図6：蛍光法によるドーパの定量性の確認
　種々の量のドーパを蛍光法で定量した結果を示す。×；ドーパを酸性溶液に溶解してアルミナ処理なしに定量した。○；ドーパに熱処理して失活した酵素を加えアルミナ処理後に定量した。挿入図は低濃度の範囲を拡大して示す。この結果は、ドーパは 0.1 nmol から検出でき、その量に比例して 0.2 から 15 nmol の範囲で直線的に測定できること、アルミナ処理の回収率は 63％であることを示す。

組織である。このカテコールアミンの放出がドーパミンやノルアドレナリンを伝達物質とする交感神経の終末と類似していることから、交感神経終末のモデルとも考えられている。
　旭川医大のすぐ近くにある食肉センターでウシとブタの処理をしていることが大学関係者の調べによりわかった。早速、電話で研究に必要なのでウシ副腎を入手できないか尋ねると、横田獣医師からウシの死後に副腎を自分達で取り出すようにとの連絡をもらった。藤澤と山内は氷と包丁を用意して藤澤の車で食肉センターに向かった。ウシの内臓が取り

出された後、主に藤澤がウシの腹の中に体を入れ、腹後膜に残った副腎を包丁で切り取る。直ちに用意した氷につけ研究室へ持ち帰る。これほど新鮮な材料が得られたことが、その後の研究の発展には欠かせないものであった（コラム6）。

◆コラム6　新鮮な臓器の使用

　　当時の生化学研究では、分子の働きを知るために、動物の臓器（組織）から細胞抽出液を調製して、目的とするタンパク質や酵素を精製して実験に使用することが一般的であった。動物は死により血流が停止すると酸素の供給が止まり、組織や細胞・分子は徐々に分解したり細胞内の分布が変化したりするなどの影響を受ける。従って、できるだけ生きている状態に近い条件で新鮮な臓器を取り出すことが必要である。取り出した臓器は速やかに氷冷し、適当に処理することが必要である。ウシ副腎の場合は、氷冷した副腎から髄質と皮質を分離し、髄質の細胞を破壊するためにホモゲナイズする。このとき目的の酵素やタンパク質が分解しないためにホモゲナイズ溶液にプロテアーゼ阻害剤等を加えて変化を抑える。自分たちの経験では、実験動物で調べると脳が特に繊細で、ラットでは大脳や脳幹を取り出し約5分以内にホモゲナイズすることが必要である。ホモゲナイズする時間が遅くなるとカムキナーゼⅡの細胞内分布が異なる結果となる。このように不安定な酵素を扱う場合には特に重要である。

3-7.　チロシン水酸化酵素の初めての活性測定

　蛍光光度計を購入し、ウシの副腎髄質の抽出液を用いて、新たに開発した蛍光法により、酵素活性が実際に測定できるか調べた。

　副腎髄質の抽出液中にはノルアドレナリンとアドレナリンが多く含まれドーパの定量を妨害するので、最初にゲル濾過によりこれらのカテコールアミンを除いて使用した。標準反応液（参考資料）で30℃、10

表1：チロシン水酸化酵素活性法の比較

測定法	活性 (nmol/10 min)	活性測定値 a)	ブランク値	活性測定値 / ブランク値の比率
蛍光法	1.90	500	25	20
$^{14}CO_2$ 法	1.85	2977	135	22
^3H_2O 法	1.96	2637	1007	2.6

　すべての実験は同じ量のチロシン水酸化酵素を用いて行った。活性測定値が高い程、また、活性測定値 / ブランク値が高いほど感度が良く信頼性が高い測定法といえる。a) 活性測定値は、蛍光法では蛍光単位値：$^{14}CO_2$ 法と ^3H_2O 法のアイソトープ測定法では cpm 値を示す。

分間反応を行った。反応後、上記の蛍光法により、生成したドーパをアルミナによる吸着法で分離し、蛍光光度計で測定した。

　その結果ドーパの生成は、(1) 時間に比例して直線的に増加したこと、(2) 副腎髄質の抽出液の量に依存して直線的に増加したこと、(3) 基質のチロシンの量に依存して、ミカエリス・メンテン型の反応を示したこと等から、初めて酵素活性が測定できた。このことにより、研究目標の最初の関門が突破できた。

　副腎髄質からチロシン水酸化酵素を調製した結果、酵素が多量に得られたことから、蛍光法による活性測定を繰り返すことができた。本方法は迅速・簡単で精度良く高い再現性で測定できることが明らかとなった。

　また、同時に一般的に使用されている上記の2種類のアイソトープを用いる活性測定法と比較すると、ほとんど同じような高感度で測定できることがわかった（表1）[25]。1–^{14}C ラベル–L–チロシンを用いる測定法が最も感度良く測定できる。蛍光法もそれに劣らず測定できることがわかった。つまり、測定感度を考えるときは、活性測定値の大きさに加えて活性測定値とブランク値の比を比較することが重要である。蛍光法は活性測定値/ブランク値比は1–^{14}C ラベル–L–チロシン法とほとんど差がなく、測定値は低いものの比較的誤差の少ない測定法といえる。加えて、蛍光法はアイソトープを使用しなくて良い利便性があり、費用の

点でも非常に優れた方法である。この蛍光法を最初の論文として 1978
年に発表した ［25］。これで、今後の研究の遂行に展望が開けてきた。

4章 カテコールアミンの生合成の調節

　チロシン水酸化酵素の活性測定法が確立し、酵素の活性調節機構の解析ができる見通しが立ったので、酵素の基礎となる知識を最大限生かして研究を遂行する（コラム7）。

◆コラム7　酵素の基本的性質

　　代謝調節における酵素の役割、活性調節機構、精製において最も重要なことは、酵素活性を正確に再現性良く測定する条件を見つけて、決定することである。今振り返ってみると、私たちの研究が進展した主な要因は酵素活性測定条件を決定できたことと考えている。従って、酵素活性測定条件を参考資料として示した。

　　酵素活性測定条件を決定するために、以下に示すような酵素の基本的性質を理解することが必要である。

・酵素は生体触媒であり、次のように反応を触媒する。

　酵素（E）＋基質（S）⇄酵素・基質複合体（ES複合体）
　　　　　　　　　　　　→酵素（E）＋生成物（P）

・酵素は多くの場合タンパク質である。従って、酵素は比較的不安定であり、熱、酸、アルカリ、有機溶媒、界面活性剤、重金属等により失活する。また、タンパク質分解酵素（プロテアーゼ）により簡単に分解され失活する。安定な条件を見つけて実験を行うこと（意外に難しい）が大切である。

・酵素は活性に低分子の補酵素を必要とする場合がある。

・酵素反応は、時間および酵素濃度に比例する。

・酵素反応には、至適温度と至適pHがある。

4-1.　ウシ副腎髄質からチロシン水酸化酵素の精製

　ここで得られる酵素は、活性化やリン酸化を証明する実験に使用するために、高純度の標品が必要であるので、少し詳細に精製方法を記述する（精製の準備についてはコラム 8 も参照）。

　新鮮なウシ副腎髄質（約 50 g）を 0.32 mol/L 蔗糖を含むバッファー（HEPES buffer, pH 7.6）でホモゲナイズした。遠心分離により、沈殿と上清に分離し、上清を抽出液とした。

　酵素を精製する前に、副腎髄質の抽出液を用いて、酵素活性が保持される安定な条件を詳細に検討した。酵素はタンパク質であり、ある特定の立体構造を持つときに酵素活性がある。立体構造が変化すると活性が低下（失活）する。まず重要なことは、酵素活性をいかに保ちながら、収量良く精製を進めことである。酵素が安定な条件、すなわち、バッファーの種類、pH 領域、温度領域、安定化に利する試薬の添加等である。

　以下の精製過程で常に 0.32 mol/L 蔗糖を含むバッファー（HEPES buffer, pH 7.6）を用いた。0.32 mol/L 蔗糖は生体の浸透圧と同じ浸透圧を示す等張液であり、チロシン水酸化酵素の安定化に役立つ。抽出液を 3-ヨードチロシンアフィニティーカラムにかけ、チロシン水酸化酵素を結合させた。結合しないタンパク質を洗い流した後、結合したチロシン水酸化酵素を pH 10 の弱アルカリ条件下で溶出し、活性を持つ画分を集めて直ちに中和した。

　次にその活性画分をヘパリンアフィニティーカラムにかけた。結合しないタンパク質をよく洗浄したのち、チロシン水酸化酵素は塩化カリウム（KCl）濃度を連続的に高めて溶出した。活性画分を集め硫酸アンモニウム（硫安）で沈殿させ、ゲル濾過法により硫安を除去した。

　次に、P-セルロースイオン交換カラムにかけ、カラムを洗浄した後チロシン水酸化酵素を 0.5 M KCl で溶出した。活性画分を硫安で沈殿させ、酵素を濃縮し、硫安を除去したのち、小量ずつチューブに分注して -80 ℃で保存した。この条件でチロシン水酸化酵素は 3ヶ月以上活性の

低下もなく保存できる。凍結融解を繰り返すと活性が低下するので、一度溶解したサンプルは一度の実験で使い切る。この精製法によりチロシン水酸化酵素は抽出液から18%の収量で約70倍精製できた[26]。この標品は部分精製の段階で均一な標品でないが、条件が整えばリン酸化による酵素の活性化が見られる可能性があるので、リン酸化の実験にとりかかった。

◆コラム8　チロシン水酸化酵素の精製準備：アフィニティーカラムの調製
　　酵素のように特異的な活性をもつタンパク質を単離するために、特異的に親和性のある化合物をセファロース等の担体に結合させカラムをつくり、酵素を分離する新しい方法（アフィニティーカラムクロマトグラフィー法）が開発されてきた。チロシン水酸化酵素の精製に利用した。

1．3-ヨード-L-チロシンアフィニティーカラムの調製：
　　3-ヨード-L-チロシンはチロシン水酸化酵素の活性部位に結合して酵素活性を阻害すると考えられている。セファロース樹脂を pH 11 で臭化シアン（BrCN）によって活性化し、3-ヨード-L-チロシンを加え、pH 9.5 で 4 ℃, 48 時間反応させた。反応後セファロース樹脂を洗浄し、残った活性基をブロックして、3-ヨード-L-チロシンアフィニティーカラムを作成した。3-ヨード-L-チロシンの結合割合は約9%であった。

2．ヘパリンアフィニティーカラムの調製：
　　チロシン水酸化酵素は、ヘパリン等のポリアニオンで活性化されることが知られていた。セファロース樹脂を pH 11 で臭化シアンによって活性化し、ヘパリンと反応させた。反応後セファロース樹脂を洗浄し、残った活性基をブロックして、ヘパリンアフィニティーカラムを作成した。ヘパリンの結合割合は約50%であった。ヘパリンは市販品を使用した。

4-2. チロシン水酸化酵素のリン酸化条件下における活性化

チロシン水酸化酵素は ATP と cAMP が存在すると活性が高くなるという報告があった。このことは、cAMP 依存性プロテインキナーゼ（A キナーゼ）によりチロシン水酸化酵素がリン酸化されて活性化される可能性を示唆しているが、証明されていなかった。むしろ、直接リン酸化を受けないという報告もあり、活性化の理由が明らかでなかった。この点を明確にするために必要な材料は、(1) 上記の部分精製したチロシン水酸化酵素、(2) A キナーゼ、(3) ^{32}P ラベル ATP、(4) チロシン水酸化酵素に対する特異抗体等である（コラム 9）。

チロシン水酸化酵素のリン酸化による活性化を調べる場合は、最初にリン酸化反応を行い、リン酸化反応を停止した後、チロシン水酸化酵素活性測定する二段階の反応を行う。リン酸化反応ではプロテインキナーゼが ATP-Mg^{2+} を基質として ATP の γ 位のリン酸基をチロシン水酸化酵素のセリンまたはスレオニンの水酸基に転移させる。リン酸基が導入されると酵素活性が変化するので活性測定する。すなわち、1. 最初にチロシン水酸化酵素をリン酸化条件で反応する、2. 次いでリン酸化反応を停止した後チロシン水酸化酵素活性を測定する、という二段階で反応する。

リン酸化反応を行うと、チロシン水酸化酵素の反応速度論的な性質が変化し、補酵素に対する親和性が高くなることがわかっていたので、低濃度の 6-メチルテトラヒドロビオプテリン（100 μM）で測定する。また、活性の至適 pH を調べるとリン酸化による活性化で pH 6.1 から pH 6.8 に移行することを見出したので、リン酸化反応後のチロシン水酸化酵素の活性は pH 6.8 で測定した。

副腎髄質から精製したチロシン水酸化酵素を、A キナーゼ、cAMP、および ATP-Mg^{2+} を含むリン酸化条件下で反応した後、チロシン水酸化酵素活性を測定すると、酵素は約 4 倍活性化された。この活性化には、cAMP、ATP、Mg^{2+} が必要であった。カルシウムや cGMP は効果がなかった。ATP は 100 μM 濃度、cAMP は 5 μM でほぼ最大の活性化

が起こる。この結果は、チロシン水酸化酵素がリン酸化され活性化されることを示している。

　次に、チロシン水酸化酵素のリン酸化を直接確かめるために、ATP の代わりにアイソトープラベル γ-^{32}P ATP を用いてリン酸化反応する。チロシン水酸化酵素に取り込まれた^{32}P-リン酸化量を測定するためには、反応していない γ-^{32}P ATP と分離することが必要である。反応液のチロシン水酸化酵素の量に比べ^{32}P ラベル ATP の濃度はモル比で大きな差があるので、完全に分離することが不可欠である。分子ふるいにより分離を試みると満足できる結果が得られた（図7）[27]。セファデックス G-200 を用いた分子ふるいにかけた各分画のチロシン水酸化酵素活性と^{32}P リン酸の取り込み量を比較すると、チロシン水酸化酵素活性の強さと、^{32}P リン酸の量の比が一定となり、リン酸基が酵素タンパク質に取り込まれたことが明らかとなった。しかもチロシン水酸化酵素活性はリン酸化により約 3-4 倍活性化されていた。この結果から、チロシン水酸化酵素がリン酸化されると同時に活性化されることが証明された。実験の再現性を確認し、データを積み重ねて、速報論文を発表した。さらに確実なものとするため、チロシン水酸化酵素の活性化と^{32}P リン酸の取り込みを、蔗糖密度勾配遠心分離法、等電点電気泳動、ポリアクリルアミドゲル電気泳動法等の異なる分析法により同時に測定し解析した。その結果、いずれも、チロシン水酸化酵素の活性化と^{32}P リン酸の取り込みピークが一致したことからリン酸化による活性化が確かなものとなった。さらに、リン酸化チロシン水酸化酵素を特異抗体で沈降させ、SDS ポリアクリルアミドゲル電気泳動法により分析すると、サブユニット分子量約 60,000 のタンパク質が特異的にリン酸化された。このことからチロシン水酸化酵素は分子量約 60,000 のサブユニットから構成されることも明らかになった [26]。

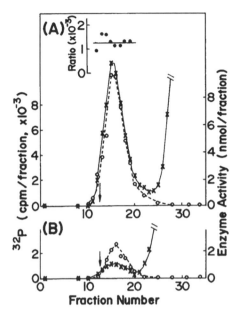

図7：ゲル濾過クロマトグラフィーによるチロシン水酸化酵素のリン酸化
と活性化の解析

　チロシン水酸化酵素を A キナーゼ、cAMP、γ-^{32}P ATP-Mg^{2+}でリン酸
化した後、セファデックス G-200 ゲル濾過クロマトで分離し溶出したフラ
クションの^{32}P リン酸の取り込み量（ラジオアクティビティー）（左目盛）
とチロシン水酸化酵素活性（右目盛）を測定した。（A）リン酸化に必要な
成分を全て含む条件で反応、（B）A キナーゼのみを除いたコントロール条
件で反応。×；^{32}P ラジオアクティビティー、〇；チロシン水酸化酵素活
性、↓；ゲル濾過クロマトで最初に溶出する位置。（A）の上部挿入図では、
●；チロシン水酸化酵素活性と^{32}P ラジオアクティビティーの比を示す。
この実験結果から、1. チロシン水酸化酵素は^{32}P ラジオアクティビティー
と一つのピークとして溶出されること、2. チロシン水酸化酵素はリン酸化
により約4倍活性化されること、3. A キナーゼが存在しないとチロシン水
酸化酵素はリン酸化されず活性化も起こらないこと、4. チロシン水酸化酵
素活性と^{32}P ラジオアクティビティーの比が一定であり、すべてのチロシ
ン水酸化酵素は均等にリン酸化されると同時に活性化されること、が明ら
かになった。

◆コラム9　リン酸化実験に必要な A キナーゼ、γ-^{32}P ラベル ATP およびウサギ抗体の調製

　A キナーゼと ^{32}P ラベル ATP は市販されているが、高価なため私達の研究室で常時購入するという訳にはいかない。そこで、文献記載の方法で調製した標品も併用することとした。

1.　A キナーゼの調製

　A キナーゼはウシ心臓から文献に記載の方法を用いて精製した。藤澤と山内はいつものように氷を持って食肉センターに出向き、新鮮なウシ心臓を提供してもらった。研究室に戻り、心臓から膜やスジを除き筋肉を取り出した。筋肉は極めて硬い組織であり普通のホモゲナイザーでは破壊されないので、ブレンダーにかけ筋肉を細分化し抽出液を用いて酵素を抽出した。抽出液を硫安分画、イオン交換クロマトグラフィー等により A キナーゼを約 300 倍精製した。A キナーゼの活性は市販のヒストンタンパク質を基質とし、次項で作成した γ-^{32}P ラベル ATP でリン酸化し測定した。ヒストンのリン酸化は完全に cAMP が必須であり、目的のリン酸化酵素が得られた。

2.　γ-^{32}P ラベル ATP の調製

　γ-^{32}P ラベル ATP は高価で半減期が短く、市販品を常時使用することは研究費の面で負担が大きいことから、文献記載の方法に従って ATP と ^{32}P ラベル無機リン酸から合成した。すなわち、市販の酵素を用いて、ATP の γ-リン酸基と ^{32}P 無機リン酸を交換させることにより γ-^{32}P ラベル ATP を作成した。この産物を ^{32}P ラベル無機リン酸から活性炭を用いて分離した。ATP の放射能の比活性は十分高く、市販の γ-^{32}P ラベル ATP と同様にチロシン水酸化酵素タンパク質へのリン酸の取り込みが測定できると考えられた。市販品と合成品を併用した。

　　3．チロシン水酸化酵素に対するウサギ抗体の調製
　　ウシ副腎髄質のチロシン水酸化酵素をアフィニティーカラム等により約70倍精製した。さらに、ポリアクリルアミドゲル電気泳動で分離し、チロシン水酸化酵素を抽出し、ウサギに免疫し抗血清を得た。得られた抗血清5 μLは120 μgの細胞質タンパク質中のチロシン水酸化酵素活性を阻害した。

4-3. リン酸化チロシン水酸化酵素の活性変換を伴う脱リン酸化と再リン酸化

　リン酸化チロシン水酸化酵素が脱リン酸化条件で元の活性に回復するかどうかを、副腎髄質の細胞質を用いて調べた。細胞質の内在性のAキナーゼとプロテインホスファターゼ活性を利用して調べた。

　最初にアイソトープを用いないで活性の変化を調べた。チロシン水酸化酵素をAキナーゼによりリン酸化条件下で活性化し高い活性の酵素を得る。反応液をゲル濾過によりcAMPとATP等の低分子成分を除きバッファーを置き換え30 ℃で反応する。約30分で、内在性のプロテインホスファターゼで脱リン酸化され低い活性になる。脱リン酸化反応の途中で、cAMPとATP、プロテインホスファターゼ阻害剤等を加え30 ℃で反応するとチロシン水酸化酵素は再び活性化され元の高い活性に戻った（図8）。

　次に、チロシン水酸化酵素の活性低下が酵素の脱リン酸化によるかどうかを^{32}Pリン酸化チロシン水酸化酵素を用いて調べた。その結果、チロシン水酸化酵素は確かに脱リン酸化されることがわかった。さらに脱リン酸化された酵素に再びcAMP、γ-^{32}P ATP、プロテインホスファターゼ阻害剤等を加え30 ℃で反応すると、再度チロシン水酸化酵素がリン酸化された。この結果は、副腎髄質のチロシン水酸化酵素は内在性の、Aキナーゼとプロテインホスファターゼの作用で確かにリン酸化・脱リン酸化により低活性型から高活性型に可逆的に変換され、活性調節されることが明らかとなった（図9）[28]。研究を開始して約4年でこ

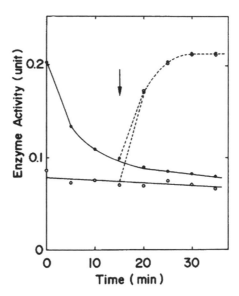

図 8：高活性型チロシン水酸化酵素の低活性型への可逆的変換

　細胞質のチロシン水酸化酵素を、内在性の A キナーゼにより cAMP、ATP 存在下でリン酸化する。EDTA を加えリン酸化反応を停止した後、反応液をゲル濾過により低分子成分を除く。バッファーを置き換え Mg^{2+} を加え 30 ℃で反応する。チロシン水酸化酵素活性は約 30 分で低下する。途中で cAMP、ATP 等を加えて再度リン酸化反応を行う。各時間に一定量の反応液を取り出し、チロシン水酸化酵素活性を測定する。●；リン酸化条件で活性化したチロシン水酸化酵素の変化、○；cAMP のみ除いてリン酸化反応を行ったコントロール。↓；cAMP, ATP 等リン酸化条件にもどした時間、-----；脱リン酸化反応した後、再度リン酸化反応に戻してからの活性変化。この結果は、リン酸化条件で高い活性になったチロシン水酸化酵素が脱リン酸化条件で活性低下すること、再度リン酸化条件にすると再び活性化することを示している。つまり、チロシン水酸化酵素は高い活性型と低い活性型に可逆的に変換される。

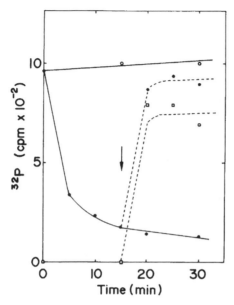

図9：チロシン水酸化酵素の脱リン酸化と再リン酸化
　図8の実験を ATP の代わりに、アイソトープ γ-³²P ラベル ATP で同じ条件で行った実験である。各時間に一定量の反応液を取り出し、チロシン水酸化酵素を特異抗体で沈降し沈降物に取り込まれた³²P リン酸のラジオアイソトープを測定する。●；リン酸化チロシン水酸化酵素の変化、○；脱リン酸化反応でプロテインホスファターゼ阻害剤を加えたコントロール、□；cAMP のみ除いてリン酸化反応を行ったコントロール。↓；cAMP, ATP 等リン酸化条件にもどした時間、-----；脱リン酸化反応した後再度リン酸化反応に戻してからのラジオアイソトープの変化。この結果は、A キナーゼでリン酸化されたチロシン水酸化酵素がプロテインホスファターゼにより脱リン酸化されること、再度リン酸化条件にすると再び³²P リン酸が取り込まれることを示す。チロシン水酸化酵素はリン酸化型と脱リン酸化型に可逆的に変換される。

のような明解な成果が得られたことは幸運であった。

4-4. 得られた実験結果の意義と課題

　以上のような試験管内での実験経過を経て、次の結論が得られた。
・チロシン水酸化酵素はＡキナーゼによりリン酸化されると同時に活性化される
・リン酸化チロシン水酸化酵素はプロテインホスファターゼの作用により脱リン酸化されると、活性はもとに戻る
・チロシン水酸化酵素のリン酸化による活性調節は可逆的である

　これらの結果は、世界の多くの研究室で研究されていたが、私たちが最初に明確な実験事実を示すことに成功した。このことは今後の研究の遂行に大きな自信となり、その後奥野技官が研究を引き継ぎ、さらに研究が進展した。
　チロシン水酸化酵素がリン酸化・脱リン酸化により可逆的に高活性型と低活性型に変換することは、カテコールアミンが必要に応じて生合成できることを示唆している。神経細胞の活動に依存して、伝達物質が放出されると、次の放出に備えてチロシン水酸化酵素を活性化させ伝達物質を蓄積できる。十分蓄積できるとチロシン水酸化酵素活性を低下させカテコールアミンの産生が停止するという短時間に伝達物質の生合成を調節できる機構を備えていると考えられる。神経細胞内で神経活動に伴って、本当にチロシン水酸化酵素が高活性型・低活性型に変換をして短時間に伝達物質の生合成が調節されていることを、生きた神経細胞で確認することが必要である。しかし、この研究には多くの困難があり今後の目標になる。

4-5.　論文発表

　興味深い実験結果が得られると、次は論文として発表することになる（コラム 10）。

　実験データと論文原稿の素案を主に山内が作成し藤澤と議論を重ねる。論文の投稿先（ジャーナル）を決める。その当時はアメリカ生化学会のジャーナルである J. Biol. Chem.は世界のほとんどの生化学者が読んでいる最もレベルが高いジャーナルであり、そこに論文を発表することが最大の目標であった。

　論文投稿は想像以上に困難を伴うが、納得できる結果が得られたときは躊躇無く発表することが大切である。チロシン水酸化酵素の活性調節に関する研究は比較的短期間に J. Biol. Chem.などに複数編の論文を発表することができたのは幸運であった。

　実験を詳しく述べてきたが、世界に先駆け可逆的リン酸化・脱リン酸化による調節機構が証明された。予想以上の好結果が得られたことが次の 6 章と 7 章に示す新しい 2 つの分子の発見に繋がったものと考えられる。

◆コラム 10　論文の作成、投稿、審査、掲載について

　　興味深い実験結果が得られると、次は論文として発表することになる。現在では、パソコンを使って論文を作成し、インターネットを使って投稿することができ、審査員とのやり取りはメールでできるので、時間も手間もかからず苦労しない。しかし、昭和の時代は論文を作成する場合はかなりの労力を要した。英文は電動タイプライター（IBM 社）で A4 版タイプ用紙に印字する。修正がほとんど効かないので、間違えないよう一字一字慎重にキーボードを打つことが必要である。また、図は A4 版トレーシング用紙に書くが、数字とアルファベットは文字のテンプレートがあるレタリングセットを用いて書く。直線は定規をあて、また曲線は雲形定規をあてペンで引いていく。これがなかなか難しく、文字はテンプレートからペ

ンが滑ってはみ出し失敗することがあるが、慣れてくると書けるようになる。図は論文ではそのまま縮小されて印刷されるので、線が細く文字が小さくなり、見えにくくなるので、太めの線と大きめの文字で書くことが重要である。

　投稿先ジャーナルの投稿規定を調べ、規定に沿って原稿を作成する。実験データと論文の素案を山内が作成し藤澤と議論を重ね、最終原稿は藤澤が書きタイプして仕上げ、図は山内が仕上げた。論文は Abstract（要約）、Introduction（序論）、Experimental Procedures（実験方法）、Results（結果）、Discussion（考察）、Acknowledgements（謝辞）、References（引用文献）、Tables（表）、Legends（図の説明）の順にページナンバーを付け、タイプで仕上げる。

　タイプした原稿と図をまとめオリジナル投稿原稿とする。ジャーナルの編集委員の一人に、論文原稿を送る。航空便で1週間から10日ほどかかる。編集委員が論文原稿を受け取ると、Received（受け取り）のはがきが届き、そこに記された日付が論文投稿日となる。

　審査に約2、3ヶ月かかる。時には、論文に対していくつか改善するよう指示があり、編集委員とのやりとりが行われ時間がかかることもある。審査の結果は手紙で送られてくる。論文が Accepted（受理）された通知が届くと、自分たちの研究結果が認められたことになり最も喜びを感じる瞬間である。

　受理の知らせの約2ヶ月後に出版社から印刷された論文が校正のために送られて来る。通常受け取ってから48時間以内に送り返すことが必要であり、急いで間違いがないか確かめ不備なところを直して送り返す。校正時に論文別冊の注文も同時に行う。著者の別冊は自分の研究分野の研究者に送ると評価をしてもらうことに役立つ。投稿料は無料であるが、別冊100部注文すると数万円かかる。支払いは銀行でドル建て小切手を作成し、航空書留便で送金する。約1ヶ月後に論文が掲載される。

　論文が発表されると直ちに"Current Contents"というタイトル掲載の専門誌に発表論文のタイトルが掲載される。それにより論文

が発表されたことを知る。実際のジャーナルは船便で送られてくるので出版されて、約1ヶ月後に論文を見ることになる。Current Contents に論文タイトルが掲載されると、別冊の請求のはがきが多くの研究者から寄せられる。余裕があるときには別冊を送る。

5章　セロトニンの生合成の調節

　トリプトファン水酸化酵素はアミノ酸のトリプトファンから5-ヒド
ロキシトリプトファンを生成する酵素あり、セロトニン生合成の調節酵
素である［10］。本酵素は脳内のセロトニンニューロンの活動にとって
極めて重要である。トリプトファン水酸化酵素はチロシン水酸化酵素と
同様にプテリジンを補酵素とする酸素添加酵素である。その活性調節に
関して活発に研究されている。チロシン水酸化酵素のAキナーゼによ
る調節機構を研究中に、脳のトリプトファン水酸化酵素がATPとカル
シウムにより活性が高くなる可能性が報告された［29, 30］。トリプト
ファン水酸化酵素とチロシン水酸化酵素は類似した性質をもつことか
ら、cAMPとカルシウムの作用の違いは興味深く、この点を明らかにす
ることにした。

5-1.　研究計画

自分たちが理解する範囲で、当時の論文報告で明らかとなっていた結
果：
・トリプトファン水酸化酵素はセロトニン生合成の調節酵素であるこ
　と［10］
・トリプトファン水酸化酵素はATP-Mg^{2+}の存在下でカルシウムによ
　り活性化されること［29, 30］
・この活性化にリン酸化反応とカルシウム依存性プロテインキナーゼの
　関与が予測されていたこと

自分たちが理解する範囲で、当時の論文報告で明らかにされていない重

要な事項：
・トリプトファン水酸化酵素は不安定で精製が困難であり、精製酵素が
　得られないこと
・トリプトファン水酸化酵素が直接リン酸化されること
・トリプトファン水酸化酵素がリン酸化されると同時に活性化されるこ
　と
・トリプトファン水酸化酵素がリン酸化されると同時に活性化されるな
　ら、リン酸化されたトリプトファン水酸化酵素は脱リン酸化により元
　の活性に戻ること
・カルシウム依存性プロテインキナーゼの実態が不明であること

まだ明らかになっていないこれらの課題について進める。

5-2.　トリプトファン水酸化酵素の活性測定

　トリプトファン水酸化酵素は、トリプトファンに補酵素である 6-メチ
ルテトラヒドロプテリン存在のもと水酸基を導入し、5-ヒドロキシトリ
プトファンを生成する。酵素反応後を行った後、生成した 5-ヒドロキシ
トリプトファンを、蛍光光度計で励起波長 295 nm、放出波長 530 nm で
測定する。

5-3.　カルシウムによるトリプトファン水酸化とチロシン水酸
　　　　化酵素の活性化の確認

　ウシ副腎の抽出液のチロシン水酸化酵素とラット脳幹の抽出液のトリ
プトファン水酸化酵素の活性化におけるカルシウムと cAMP の効果を
調べた。脳のチロシン水酸化酵素は cAMP とカルシウムの両方により
活性化された。しかし、副腎のチロシン水酸化酵素は、cAMP で活性化
されたが、カルシウムでは活性化されなかった。一方、トリプトファン
水酸化酵素は副腎に存在しないが、脳の酵素は cAMP では活性化され

ず、カルシウムで活性化された。これらの酵素の活性化はいずれの場合も ATP が必要であった。

　この予備的な実験結果は、実験としては抽出液を用いた活性測定という簡単なものであったが、驚くべき多くの情報が得られた。

1. トリプトファン水酸化酵素がカルシウムにより確かに活性化するという結果が確認できた。
2. チロシン水酸化酵素も脳ではカルシウムにより活性化される新しい発見である。
3. チロシン水酸化酵素は脳でも cAMP でも活性化されることが発見された。
4. 副腎髄質のチロシン水酸化酵素は cAMP により活性化されることが確認できた。
5. トリプトファン水酸化酵素もチロシン水酸化酵素も活性化に ATP を必要とすること。

　これらのことから、チロシン水酸化酵素は A キナーゼが関与する他に、カルシウムで活性化されるプロテインキナーゼも関与することが考えられた。

　チロシン水酸化酵素は A キナーゼとカルシウムで活性化されるプロテインキナーゼの両方によって活性化されることから、2 つの酵素を同時に働かせた。その結果、活性化は両酵素の作用が相加的となり、2 つのリン酸化サイトが異なることがわかった（図10）[31, 32]。つまり、チロシン水酸化酵素は 2 種類のプロテインキナーゼにより別々に調節される。

5-4.　トリプトファン水酸化酵素の可逆的リン酸化と活性化

　脳のトリプトファン水酸化酵素とチロシン水酸化酵素の活性化に ATP とカルシウムが必要であることから、脳に存在し副腎に存在しないトリプトファン水酸化酵素のカルシウムと ATP による活性化について最初に調べることにした。

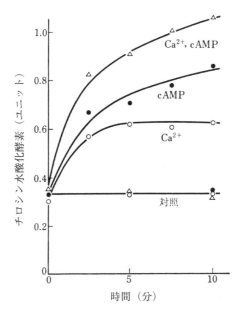

図 10：チロシン水酸化酵素のカルシウム依存性プロテインキナーゼと A キナーゼによる活性化

　ラット脳幹の抽出液を用いリン酸化条件（ATP 存在）下で反応した後、チロシン水酸化酵素活性を測定した。○；カルシウムを加える、●；cAMP を加える、△；カルシウムと cAMP の両方を加える。対称は ATP を加えないでリン酸化反応を行った。チロシン水酸化酵素はカルシウムと cAMP それぞれ単独でも活性化されるが、両者が存在すると相加的に活性化される。このことはチロシン水酸化酵素がカルシウム依存性プロテインキナーゼと A キナーゼによりそれぞれ独立に活性調節されることを示す。

　脳のトリプトファン水酸化酵素はカルシウム存在下でリン酸化条件におくと活性化される。リン酸化反応が関与するとすれば、脱リン酸により活性化された酵素は元の活性に戻ると考えられる。このことを確かめるために、活性化された酵素を脱リン酸化条件におくと，元の活性まで戻ることが明らかになった。また脱リン酸化して酵素を再びリン酸化条件に置くと再度活性化されることがわかった（図 11）。この結果は、トリプトファン水酸化酵素がリン酸化・脱リン酸化により可逆的に活性調節されることを示している ［33］。

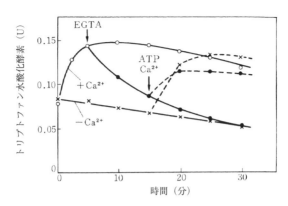

図11：脳のトリプトファン水酸化酵素の高活性型と低活性型の変換

　ラット脳幹の抽出液を ATP、Mg^{2+}、カルシウムを加え 30℃ でリン酸化反応を行う。リン酸化のコントロール反応はカルシウムを除いて反応する。反応開始5分で EGTA を加えカルシウムを除きリン酸化反応を停止する。15分で再びカルシウムを加えリン酸化反応を再開する。各時間で反応液の一部をとりトリプトファン水酸化酵素活性を測定する。○；リン酸化反応、×；リン酸化のコントロール反応、●；5分で EGTA を加え反応、----；15分で再び ATP とカルシウムを加えて反応。この結果は、トリプトファン水酸化酵素がカルシウム存在下でリン酸化され、カルシウムが除かれると脱リン酸化され、可逆的に活性調節されること示す。

5-5.　トリプトファン水酸化酵素の活性化におけるカルモデュリンの関与

　トリプトファン水酸化酵素がリン酸化条件下（ATP-Mg^{2+} とプロテインキナーゼと反応させる）で活性化されることが明らかとなったので、この活性化のメカニズムを詳細に調べる。そのためにトリプトファン水酸化酵素を部分精製した。

　トリプトファン水酸化酵素はラット脳幹の抽出液から硫安（硫酸アンモニウム）分画、ゲル濾過で分離する。ついで、カルモデュリン依存性キナーゼを除くために、カルモデュリンセファロース 4B カラムを素通りさせてトリプトファン水酸化酵素として用いる。抽出液から約 7 倍精製された。この標品はカルシウム依存性のプロテインキナーゼの活性を

表2：トリプトファン水酸化酵素の活性化にカルモデュリン依存性プロテインキナーゼが関与する

画分	トリプトファン水酸化酵素活性	
	ユニット	活性化倍率
画分 I	0.045	1
画分 II	0.00	0
画分 I ＋画分 II	0.126	2.80
画分 I ＋カルモデュリン	0.123	2.74
画分 I ＋画分 II ＋カルモデュリン	0.130	2.89

　ラット脳幹の抽出液から硫安分画し、画分 I（55％飽和硫安）と画分 II（90％飽和硫安）を用いて、トリプトファン水酸化酵素をリン酸化条件下で活性化を行い、酵素活性を測定した。トリプトファン水酸化酵素は、画分 I と画分 II 単独では活性化されないが、2つの画分が同時に存在すると3倍近く活性化された。画分 II の代わりにカルモデュリンを用いても全く同様に活性化された。このことは、トリプトファン水酸化酵素の活性化にはカルモデュリン依存性プロテインキナーゼが関与することを示している。

含んでいなかった。このトリプトファン水酸化酵素の活性化を指標にしてカルシウム依存性のプロテインキナーゼの性質を調べた。

　ラット脳幹の抽出液を55％飽和硫安で処理し、沈殿部分（画分 I）を得る。その上清部分にさらに硫安を加え90％飽和にして沈殿部分（画分 II）に分離する。それぞれの画分単独、または組み合わせてトリプトファン水酸化酵素活性を測定した。その結果、脳幹の抽出液では活性化されたが、それぞれ画分 I と II 単独では活性化されなかった。画分 I と II の両方が存在するときのみ活性化された。

　画分 II の性質を調べると、高濃度の硫安に可溶性であること、熱に安定であること等がわかり、カルモデュリンである可能性が考えられた。そこで脳より精製したカルモデュリンを画分 II の代わりに加えたところトリプトファン水酸化酵素がカルシウム存在下で画分 II と全く同様に活性化された。このことは、トリプトファン水酸化酵素がカルモデュリン依存性プロテインキナーゼにより活性化されることを示している [34]（表2）。このプロテインキナーゼは従来報告されていない新しいプロテインキナーゼであることが強く考えられた。

5-6. 得られた実験結果の意義と課題

　以上のような実験を経て、次の結論が得られた。

・トリプトファン水酸化酵素はカルシウム存在下にリン酸化条件で反応すると活性化され、その活性化にカルシウム依存性プロテインキナーゼが関与する

・リン酸化トリプトファン水酸化酵素はホスファターゼの作用により脱リン酸化されると、活性はもとに戻る

・トリプトファン水酸化酵素のリン酸化による活性化は可逆的である

・トリプトファン水酸化酵素はカルモデュリン依存性プロテインキナーゼにより活性化される

　チロシン水酸化酵素とトリプトファン水酸化酵素のリン酸化による活性調節機構を解析して、Aキナーゼとカルモデュリン依存性プロテインキナーゼにより可逆的にリン酸化・脱リン酸化により高活性型と低活性型に変換し活性調節されることが明らかになった。最初に設定した研究計画である、カテコールアミンやセロトニンなどの神経伝達物質の生合成の調節機構が明らかになった。

　これらの結果から、神経終末での伝達物質の生合成と分泌の関係を次のように考えることができる。ドーパミンニューロンやセロトニンニューロンは神経活動に依存して、刺激が神経終末に到達すると、細胞外からカルシウムが流入し神経伝達物質が放出される。放出されたドーパミンやセロトニンはシナプスを介して受容神経の受容体に結合し刺激が次の神経細胞に伝達される。神経終末では、同時にカルシウムは6章で発見したカムキナーゼIIを活性化し、チロシン水酸化酵素やトリプトファン水酸化酵素をリン酸化する。そこに活性化タンパク質（7章で発見）が結合し、酵素が活性化され、神経伝達物質のドーパミンやセロトニンの合成が促進され、次の刺激に反応できるようにする。一方、ドーパミンやセロトニンを含む分泌顆粒は大量にATPを含んでいることか

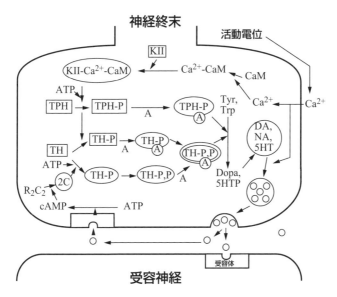

図12：神経終末におけるタンパク質リン酸化によるモノアミン生合成の調節

　神経伝達物質が異なるドーパミンニューロン、ノルアドレナリンニューロンおよびセロトニンニューロンの終末における調節を1つの図にまとめて比較する。神経終末の分泌顆粒にドーパミン（DA）、ノルアドレナリン（NA）またはセロトニン（5HT）等の伝達物質が貯蔵されている。神経刺激により活動電位が神経終末に到達すると、細胞外からカルシウム（Ca^{2+}）が流入する。細胞内で増加した Ca^{2+} により神経伝達物質が放出される。放出された DA、NA または 5HT はシナプスを介して次の受容神経の受容体に結合し刺激が伝達される。神経終末では、伝達物質を放出する際に流入した Ca^{2+} はカルモデュリン（CaM）と結合しカムキナーゼ II（6章で発見）を活性化する（KII-Ca^{2+}-CaM）。活性化したカムキナーゼ II はチロシン水酸化酵素（TH）やトリプトファン水酸化酵素（TPH）をリン酸化（TH-P、TPH-P）する。そこに活性化タンパク質（A）（7章で発見）が結合し、TH や TPH が活性化され、神経伝達物質の DA、NA あるいは 5HT の合成が促進される。放出された伝達物質は速やかに補充されることになる。一方、DA、NA あるいは 5HT を含む分泌顆粒は大量に ATP を含んでおり、伝達物質放出と同時に ATP も放出される。ATP はアデノシンに分解され、プレシナプスの受容体を刺激して、神経終末で cAMP 産生を促進し、cAMP 依存性プロテインキナーゼ（A キナーゼ、R_2C_2）を活性化する。活性型 A キナーゼ（2C）は TH をリン酸化し活性化し、DA や NA 合成が促進され、放出された伝達物質がすみやかに補充される。

ら、これらの伝達物質の分泌に伴い ATP も放出される。放出された
ATP はアデノシンに分解され、神経終末にもどりアデノシン受容体を
刺激して、神経終末で cAMP 産生を促進し、A キナーゼを活性化する。
活性型 A キナーゼはチロシン水酸化酵素をリン酸化すると同時に活性
化し、ドーパミン合成が促進される。次の刺激に備えてチロシン水酸化
酵素やトリプトファン水酸化酵素を活性化させ伝達物質を蓄積できる
(図 12)。今後はカルモデュリン依存性プロテインキナーゼの作用によ
りチロシン水酸化酵素やトリプトファン水酸化酵素が直接リン酸化され
ることを明らかにすること、および脳の神経細胞内で神経活動に伴う伝
達物質の放出によりカテコールアミンやセロトニンの生合成が昂進する
かどうか明らかにすることが必要であろう。

6章 カムキナーゼ II の発見に いたる過程

　カルシウムイオン（Ca^{2+}）は神経組織の生理的機能に重要な役割を果たしている。特に神経伝達物質の生合成と分泌に重要であるが、カルシウムの作用の分子メカニズムはほとんど明らかにされていない。チロシン水酸化酵素やトリプトファン水酸化酵素がリン酸化条件下にカルモデュリン依存性に活性化されることを明らかにしたので、そのプロテインキナーゼの分離・精製を試みた。

6-1. 従来の報告

自分たちが理解する範囲で、当時の論文報告で明らかとなっていた結果：

・カルシウム依存性プロテインキナーゼとして、カルモデュリン依存性ホスホリラーゼキナーゼ（分子量約100万）[35, 36] とミオシン軽鎖キナーゼ（分子量約10万）の2種類がある [37]

・この2種類の酵素は基質特異性が厳密で、それぞれ、ホスホリラーゼ b とミオシン軽鎖を特異的にリン酸化する

・カルシウム依存性のC キナーゼが報告されている。C キナーゼは活性にカルモデュリンを必要としない [38]

　これまでの実験結果から、新しいカルモデュリン依存性プロテインキナーゼが存在しないとチロシン水酸化酵素やトリプトファン水酸化酵素を活性化することはできないと確信して、そのプロテインキナーゼを探索した。

6-2. 新しいカルモデュリン依存性プロテインキナーゼ（カムキナーゼ II）の活性測定法

カルモデュリン依存性プロテインキナーゼ活性はトリプトファン水酸化酵素の活性化を指標にして測定した。初期の段階では、反応中にトリプトファン水酸化酵素が不活性化されることを避けるために、活性化反応とトリプトファン水酸化酵素活性の測定を同時に行った。反応後 40 μL 60％過塩素酸を加え反応を停止し、沈殿を遠心分離で除去した。上清にある生成した 5-ヒドロキシトリプトファンを蛍光法により測定した。

6-3. 実験に用いるサンプルの調製

新しいプロテインキナーゼと既知のプロテインキナーゼを比較するためには、既知のプロテインキナーゼとその基質タンパク質を用意して比較することが必要である。しかし、これらの酵素や基質タンパク質の多くは市販されていない。これらのタンパク質は文献記載の方法に従って調製したが、多くの場合文献記載と同等の標品が得られた。様々な種類の実験を経験することは、必要に応じて実験材料を入手するためにも有効であることがわかった。また、市販品がない場合に、研究室で調製したサンプルを使用することは、他の研究室で追試するために時間がかかることから、研究の進展の面ではしばらくの間優位に進めることができる利点がある。

研究室で調製したタンパク質は、ウシ脳のカルモデュリン、ウサギ骨格筋のミオシン軽鎖、ニワトリ砂嚢の平滑筋ミオシン軽鎖、ウサギ筋肉のホスホリラーゼキナーゼ、ウサギ筋肉のグリコーゲンシンターゼキナーゼ、およびラット脳の cAMP ホスホジエステラーゼである。またカルモデュリンアフィニティーカラムも調製した（コラム 11, 12）。

◆コラム11　実験に用いるサンプルの調製

　この章で用いたタンパク質やその他は、市販品を購入した。しかし高価で常時購入して研究に使用すると研究費全体への負担が大きい場合は、原材料を入手して必要な材料を研究室で調製した。文献記載の方法に従って調製するが、多くの場合文献記載と同等の標品が得られた。市販品は少量で高価なことが多いので、納得できるまで十分実験を繰り返すものには適さない。様々な種類の実験を経験することは、必要に応じて実験材料を入手するためにも有効である。

調製したタンパク質と酵素；

精製タンパク質	材料	使用目的
カルモデュリン	ウシ脳	キナーゼ活性の測定、アフィニティーカラムの作成
ミオシン軽鎖	ニワトリ砂嚢	キナーゼの基質
ミオシン軽鎖	ウサギ骨格筋	キナーゼの基質
ホスホリラーゼキナーゼ	ウサギ骨格筋	ホスホリラーゼ b のリン酸化
グリコーゲンシンターゼキナーゼ	ウサギ骨格筋	カムキナーゼⅡと比較
cAMP ホスホジエステラーゼ	ラット脳	カルモデュリンの定量

・ウシ脳は食肉センターから提供された
・ニワトリ砂嚢は、大学近郊の養鶏場から購入したニワトリから採取し、砂嚢より平滑筋を得た
・ラット、ウサギは実験動物として購入した

◆コラム12　カルモデュリンアフィニティーカラムの作成と使用は意外に難しい

　カルモデュリンアフィニティーカラムはウシ脳より精製したカルモデュリンをセファロース4Bに結合させ調製した（カルモデュリ

ンは約 0.4 mg 以上がパックされたセファロース 4B 1mL に結合する）。CNBr で活性化したセファロース 4B にカルモデュリンは簡単に結合するが、カルモデュリンの量が少ないと、カルモデュリン 1 分子内の多くのリジン残基がセファロース 4B に結合するので分子の動きが制限されカルシウムが反応できなくなる。セファロース 4B に結合する箇所をできるだけ少なくすることが良いカラムを作るときに重要である。

　また、カルモデュリンアフィニティーカラムを使用する場合に注意することがある。細胞質タンパク質の中にはカムキナーゼの他に多くのカルモデュリン結合タンパク質が含まれている。酵素の精製やカムキナーゼ II の細胞基質タンパク質の調製では、細胞質タンパク質のすべてのカルモデュリン結合タンパク質をカルシウムの存在下ですべてカルモデュリンアフィニティーカラムに吸着させることが重要である。カラムの容量が少ないとカムキナーゼ II やカルモデュリン結合タンパク質が素通りし、細胞質基質タンパク質に混在するため、カムキナーゼ II の活性測定でバックグランドが高くなり結果が不明確になる。また、カラム操作に時間がかかると、細胞質タンパク質中に存在する強いカルシウムプロテアーゼ（良い阻害剤がない）が作用し、カラムのカルモデュリンが分解される恐れがある。カルモデュリン結合タンパク質を迅速にカラムに結合させ、カラムを洗浄した後、素早くカルシウムを除いて結合したカルモデュリン結合タンパク質を溶出する。カルシウムプロテアーゼの作用を受けるとたちまちカラムの容量が低下し再利用できなくなるのでカラム操作が難しい。世界中の研究室でうまく使いこなせているところは意外に少ない。

6-4. カルシウムにより活性化されるプロテインキナーゼの存在

　次に、カルシウムにより活性化されるプロテインキナーゼが脳に存在するかどうかを調べた。ラットの脳幹、大脳、副腎髄質、肝臓、骨格筋、および心臓から抽出液を調製し、カルシウムとcAMPの有り、無しの条件でγ-^{32}PラベルATPを用いて内在性のタンパク質のリン酸化を比較した。その結果、驚くべきことに脳は他の組織に比べタンパク質のリン酸化量が著しく高いことがわかった（図13）。カルシウムとcAMPは同じ程度にリン酸化を促進した。カルシウムとcAMPに依存しないリン酸化活性も脳では高い［33］。

　次に、^{32}Pラベルリン酸化タンパク質を電気泳動で分離し、オートラジオグラフィーで解析すると、やはり脳では他の組織に比べ著しく多くの種類のタンパク質がリン酸化された。このような結果は、それまでの研究では全く報告されていなかった。このことから、カルシウムで活性化される新しいプロテインキナーゼが存在することを予測してその探索を始めた。

6-5. 脳で強いカルモデュリン依存性リン酸化活性の発見

　カルシウム依存性のプロテインキナーゼは、当時カルシウムとカルモデュリンで活性化される2種の酵素が知られていた。カルシウムで活性化される新しいプロテインキナーゼはカルモデュリンが必要かどうか調べた。カルモデュリンは脳の抽出液のタンパク質としてはいくつかの特有な性質をもつ。中でも高濃度の硫安でも沈殿しにくいのでこの性質を利用して、大部分の脳のタンパク質と分離した。55%飽和硫安画分（画分Ⅰ）と55-90%飽和硫安画分（画分Ⅱ）から硫安を除き、両画分に含まれるタンパク質のリン酸化を行った。その結果驚くことに、画分Ⅰ単独ではリン酸化がカルシウムにより促進されず、画分Ⅱ単独ではほとんどリン酸化が起こらなかった。画分Ⅰと画分Ⅱを混合すると、リン酸化はカルシウムにより約2倍促進された。画分Ⅰに含まれるプロテインキ

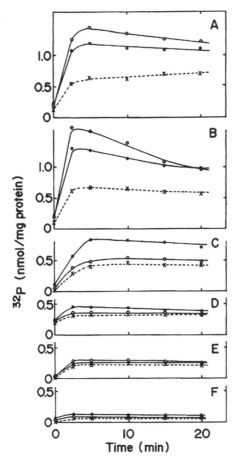

図 13：ラット組織の細胞質タンパク質のカルシウムと cAMP によるリン
酸化活性の比較

　ラット組織の細胞質タンパク質を $\gamma\text{-}^{32}P$ ATP-Mg^{2+} でリン酸化し、各時
間にとりこまれた^{32}P ラジオアクティビティーを測定した。内在性のプロ
テインキナーゼによる基質タンパク質リン酸化を示している。（A）脳幹、
（B）大脳、（C）副腎髄質、（D）肝臓、（E）骨格筋、（F）心臓。○：カルシ
ウム添加、●：cAMP 添加、×：添加しないコントロール。細胞質タンパク
質のリン酸化は極めて早く 5 分以内に最大に達した。リン酸化の程度はカ
ルシウムと cAMP を加えた場合に高く、加えない場合の 2 倍に達した。リ
ン酸化活性は脳幹と大脳で高く、脳ではリン酸化活性が他の組織より著し
く強いことを示している。カルシウムと cAMP に依存しないリン酸化活
性も脳は高い。

表 3：カルシウムにより促進されるリン酸化活性はすべてカルモデュリンに依存する

画分	^{32}P の取り込み	
	$+Ca^{2+}$	$-Ca^{2+}$
	cpm	
細胞質	15,672	8,388
画分 I	10,215	10,499
画分 II	136	152
画分 I ＋画分 II	18,255	10,267
画分 I ＋カルモデュリン	18,782	10,195
画分 I ＋画分 II ＋カルモデュリン	17,608	9,732

　　ラット脳幹の細胞抽出液を硫安分画し、画分 I（55％飽和硫安）と画分 II（90％飽和硫安）に分離し、γ-^{32}P ATP で内在性の細胞質タンパク質のリン酸化がカルシウムで促進されるか調べた。細胞質には基質タンパク質とリン酸化酵素が存在し、カルシウムが無い場合でも（$-Ca^{2+}$）でもリン酸化されるが、カルシウム存在（$+Ca^{2+}$）で約 2 倍リン酸化量が増加した。画分 I 単独でもリン酸化されるが、カルシウムによる促進効果はなかった。画分 II 単独ではリン酸化が起こらない。カルシウムによる活性促進効果は、画分 I と画分 II の両方が必要である。画分 II の代わりにカルモデュリンを用いると同様にカルシウムにより促進された。また画分 II とカルモデュリンの両方が存在してもそれ以上の促進効果はなかった。このことから、画分 I のリン酸化のカルシウムによる促進効果はすべてカルモデュリンに依存することがわかった。

ナーゼはカルモデュリンによりリン酸化が促進されると考え、画分 II の代わりに精製したカルモデュリンを加えると、同様にリン酸化が促進され、両者同時に加えてもそれ以上の促進効果は見られなかった（表 3）。このことは、画分 I のリン酸化活性は、すべてカルモデュリンを必要とするプロテインキナーゼであることを示している [39]。

6-6.　カムキナーゼ II の同定

　画分 I（55％飽和硫安）のカルモデュリン依存性プロテインキナーゼの性質を明らかにするため画分 I をカルモデュリンアフィニティーカラムにかけ、カルモデュリン結合タンパク質をすべてトラップした。結合

しないタンパク質をよく洗浄した後、バッファーに EGTA を加えカルシウムを除くとカルモデュリン結合タンパク質が溶出される。濃縮してセファロース CL-6B によるゲル濾過にかけ、様々な基質タンパク質のリン酸化活性を調べた。すなわち、トリプトファン水酸化酵素の活性化、ホスホリラーゼ b のリン酸化、ミオシン軽鎖のリン酸化、カゼインのリン酸化、脳の細胞質タンパク質のリン酸化を測定した。カゼインはプロテインキナーゼの活性測定によく使用される人工的な基質である。その結果、プロテインキナーゼは分子量の違いにより 3 つのピークに分離できた。ピーク I は分子量約 100 万のホスホリラーゼキナーゼ、ピーク III は分子量約 10 万のミオシン軽鎖キナーゼと考えられた。ピーク III のミオシン軽鎖キナーゼは報告されている範囲では基質特異性が狭く、ここではカゼインや細胞質タンパク質をリン酸化するので、従来報告されているミオシン軽鎖キナーゼと異なる性質を示す。ピーク II はトリプトファン水酸化酵素の活性化、脳の多くのタンパク質のリン酸化、ミオシン軽鎖のリン酸化、カゼインのリン酸化等基質特異性が極めて広い、全く新しいプロテインキナーゼであった（図 14）[3]。このキナーゼを分子量が 2 番目に大きなことから「カルシウム・カルモデュリン依存性プロテインキナーゼ II」と名付けた。後にカムキナーゼ II と省略して呼ばれるようになった。

6-7. カムキナーゼ II の精製と性質

　カムキナーゼ II はトリプトファン水酸化酵素の活性化を指標にして、ラット大脳から約 720 倍の精製倍率で 36％の収量で精製された。精製は、ラット大脳をホモゲナイズして抽出液を得て、硫安分画し 40％硫安画分を集め、セファロース CL-4B のゲル濾過カラムで分画した。活性画分をカルシウム存在下でカルモデュリンアフィニティーカラムに吸着させる。カルシウムを除き酵素をカラムから溶出した。ついで、p-セルロースイオン交換クロマトグラフィーで分離した。カムキナーゼ II はほぼ均一に精製された [40]（図 15）。カムキナーゼ II は脳に比較的多量

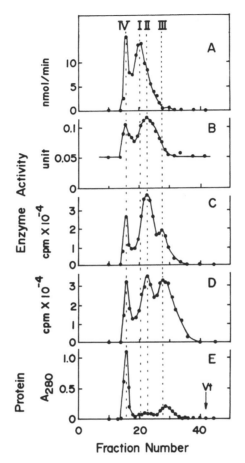

図 14：ゲル濾過クロマトグラフィーによるカムキナーゼ II の同定

　ラット大脳のカルモデュリン結合タンパク質をセファロース CL-6B のゲル濾過カラムで分画し、各画分のカルシウム/カルモデュリン依存性プロテインキナーゼ活性を、(A)ホスホリラーゼのリン酸化、(B)トリプトファン水酸化酵素の活性化、(C)カゼインのリン酸化、(D)ミオシン軽鎖のリン酸化により測定した。(E)280 nm の吸光度よりタンパク質を測定した。Vt；カラム容量。ピーク I；分子量約 1,000 kDa（約 100 万）のホスホリラーゼキナーゼ、ピーク II；分子量約 500 kDa（約 50 万）のカムキナーゼ II、ピーク III；分子量約 100 kDa（約 10 万）のカルシウム・カルモデュリン依存性プロテインキナーゼ（従来知られている基質特異性の厳密なミオシン軽鎖キナーゼと異なる新しい酵素の可能性がある）、ピーク IV；素通り領域に溶出されるキナーゼの混合物。カムキナーゼ II は 2 番目のピークとして溶出されたことから命名された。

に存在する分子である。精製酵素は分子量約 50 万で、沈降定数 16.5 S である。サブユニット分子量は 50,000 と 60,000 であり、約 10 個のサブユニットからなる多量体である。酵素は活性にカルシウムとカルモデュリンを必要する。カムキナーゼ II によるリン酸化サイトを調べるために、アイソトープを用いて調べた。取り込まれた^{32}P-リン酸基はアルカリ処理により完全に脱リン酸化されることから、セリン残基とスレオニ

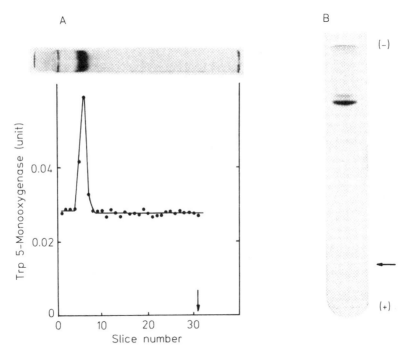

図 15：精製カムキナーゼ II の電気泳動
（A）ポリアクリルアミドディスクゲル電気泳動。上：タンパク質の染色、下：電気泳動後、ゲルを 1 mm 幅に切断し、各断片のトリプトファン水酸化酵素の活性化を測定した。（B）SDS ポリアクリルアミドディスクゲル電気泳動し、タンパク質を染色。矢印；電気泳動の先端位置。この結果は、精製したカムキナーゼ II はタンパク質バンドと活性が一致し、均一であることを示す。また、サブユニットは主要バンドが 55,000 で、その上に薄い 60,000 のバンドが見られる。

ン残基がリン酸化されることがわかった。つまり、カムキナーゼ II はセリン・スレオニンキナーゼである。基質特異性は広く、脳の多くのタンパク質をリン酸化することから、脳の神経細胞に多く存在しカルシウムの関与するシグナル伝達に重要な役割を果たす。カムキナーゼ II は活性にカルシウムとカルモデュリンを必要とする代表的なセリン・スレオニンプロテインキナーゼであり、脳では知られているプロテインキナーゼの中で最も多量に存在する。特に記憶中枢の海馬では全タンパク質の 2% を構成する。

7章 新しい活性化タンパク質とリン酸化 による二段階活性調節機構の発見

7-1. 新しい活性化タンパク質の存在

チロシン水酸化酵素とトリプトファン水酸化酵素はカムキナーゼ II、カルモデュリンおよびカルシウム存在下で ATP-Mg^{2+} よりリン酸化され活性化されることをすでに見出している。ラット脳ではトリプトファン水酸化酵素の精製倍率が低いとき（約 7 倍の精製倍率）はカムキナーゼ II のみが関与すると考えられた。しかし、直接リン酸化されることを証明する実験を考慮して高度に精製したトリプトファン水酸化酵素（約 500 倍の精製倍率）を用いると、同じリン酸化条件下で活性化されなくなった。高度に精製したリプトファン水酸化酵素は教室の中田助手により精製されたものである。つまり、カムキナーゼ II の精製過程で活性化に必要な因子が除かれたと考えられた。この因子はカルモデュリンアフィニティーカラムを素通りし、熱に不安定なタンパク質であり、カルモデュリンとカムキナーゼ II とは別のタンパク質であることがわかった。そこでこの因子を新しい「活性化タンパク質」と考え、分子の性質を明らかにすることにした。

7-2. 活性化タンパク質の活性測定

活性化タンパク質の活性はカムキナーゼ II の存在下でトリプトファン水酸化酵素の活性化を指標にして測定した。トリプトファン水酸化酵素、活性化タンパク質、ATP-Mg^{2+}、カルモデュリンおよびカムキナーゼ II を含むリン酸化反応液で反応しトリプトファン水酸化酵素の活性測定を 1 段階の反応で行った。反応後、生成した 5-ヒドロキシトリプト

ファンを蛍光法で測定する。活性化タンパク質を含まない場合のトリプトファン水酸化酵素活性をコントロールの値として差し引き、活性化タンパク質の活性とする。

7-3.　活性化タンパク質とカムキナーゼ II の分離

ラット大脳抽出液を 55％飽和硫安で沈殿させ、硫安を除き脱塩した後、セファロース CL-6B のゲル濾過カラムにかけた。溶出した各フラクションを一定量の精製したトリプトファン水酸化酵素存在下で活性化反応を行った。活性測定において、チューブ 23 またはチューブ 31 のサンプルを一定量加えて、トリプトファン水酸化酵素の活性化を調べた。その結果、活性化に関与する分子は予想通り 2 つのピークに分離した。分子量の大きい方（ピーク I）、がカムキナーゼ II で小さい方の分子（ピーク II）が新しい活性化タンパク質であることがわかった [5]（図16）。

7-4.　活性化タンパク質の精製と性質

新しい活性化タンパク質をラット大脳から精製した。大脳抽出液から55％飽和硫安画分を得、カルモデュリンアフィニティーカラムを素通りさせ、カムキナーゼ II を除く。次いで pH 4.0 の酸性に短時間置き不溶性のタンパク質を除く。上清を硫安で沈殿させ集めてセファッデクスG-150 ゲル濾過カラムにかける。活性画分を集めフェニルセファロース4B 疎水性カラムにかける。活性画分を DE52 イオン交換カラムにかけ分画する。この精製法で活性化タンパク質はラット大脳抽出液から24％の回収率で、126 倍精製された。新しい活性化タンパク質は電気泳動で均一なタンパク質である（図 17）。また別の分析法、すなわちゲル濾過法、沈降平衡法、等電点電気泳動法などでも均一であることが確かめられた [5]。

活性化タンパク質は、分子量約 70,000 のほぼ球状の形態であった。架

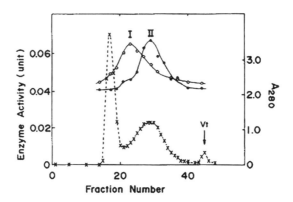

図16：カムキナーゼ II と新しい活性化タンパク質の分離
　ラット大脳抽出液の 55% 飽和硫安画分をセファロース CL-6B ゲル濾過
カラムにかけタンパク質を分離した。溶出したフラクションのリン酸化条
件下でのトリプトファン水酸化酵素の活性化を測定した。○：フラクショ
ン 31 存在下、●：フラクション 23 存在下ですべてのフラクションのトリ
プトファン水酸化酵素の活性を測定した。×；280 nm の吸光度でタンパク
質濃度を測定した。活性化に関与する分子は 2 つのピークに分離する極め
て興味深い結果が得られた。分子量の大きい方の分子（ピーク I）がカムキ
ナーゼ II で小さい方の分子（ピーク II）が新しい活性化タンパク質である。

橋試薬を用いてタンパク質のサブユニット構造を解析すると、サブユ
ニット分子量が約 35,000 の 2 量体であった。アミノ酸分析の結果、アス
パラギン酸とグルタミン酸が合わせて 28% 存在し酸性タンパク質で
あった。あわせて種々の物理化学的性質も明らかにされた。組織分布は
広く、脳に最も多く存在しているが、副腎髄質、心臓、骨格筋、肝臓な
どの組織にも比較的多く存在した。大脳では細胞質タンパク質の 1% 近
くも存在するという驚くべき結果であった。細胞内分布は、脳では細胞
質に多く分布するが、小胞体等にも分布する。

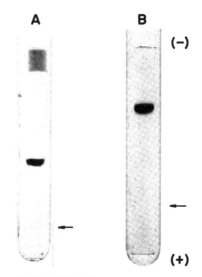

図 17：活性化タンパク質の電気泳動
　ラット大脳から精製した活性化タンパク質の電気泳動。(A) ポリアクリルアミドディスクゲル電気泳動。(B) SDS ポリアクリルアミドディスクゲル電気泳動。矢印は電気泳動の先端位置。活性化タンパク質は 1 本のバンドを示し均一である。

7-5. 二段階の新しい活性調節機構

　新しい活性化タンパク質はチロシン水酸化酵素やトリプトファン水酸化酵素の活性化に関与する。チロシン水酸化酵素とその抗体を用いて、リン酸化と活性化の関係を調べた [41]。チロシン水酸化酵素、カムキナーゼ II および活性化タンパク質をカルシウム、カルモデュリン、γ-^{32}P ATP-Mg^{2+} の存在下でリン酸化反応し、反応後チロシン水酸化酵素に対する抗体で沈降させチロシン水酸化酵素のリン酸化を調べた。その結果、チロシン水酸化酵素はカムキナーゼ II でリン酸化されたが、このリン酸化には活性化タンパク質は必要ないことがわかった（図 18）。このことは、チロシン水酸化酵素の活性化とリン酸化は別の反応であることを示唆している。

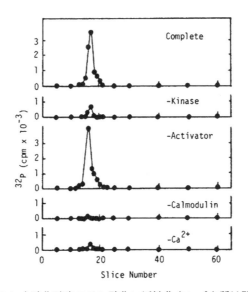

図18：チロシン水酸化酵素のリン酸化に活性化タンパク質は関与しない

　チロシン水酸化酵素を γ-^{32}P ATP を用いてカムキナーゼ II でリン酸化反応を行った後、チロシン水酸化酵素の抗体で沈降させる。沈降物を SDS ポリアクリルアミドディスクゲル電気泳動し、ゲルを 1 mm 幅に切断（Slice Number）し、チロシン水酸化酵素に取り込まれた ^{32}P ラジオアクティビティー（^{32}P）を測定した。最上部は、リン酸化条件の全ての因子を含む系（Complete）、ついで順次、カムキナーゼ II のみを除く（-kinase）、活性化タンパク質のみを除く（-Activator）、カルモデュリンのみを除く（-Calmodulin）、カルシウムのみを除く（-Ca^{2+}）系を示す。この結果は、チロシン水酸化酵素はカムキナーゼ II でリン酸化されるが、リン酸化には活性化タンパク質は必要ないことを示す。

　次に、チロシン水酸化酵素の活性化における活性化タンパク質の役割を調べるために、最初にリン酸化反応を行い、ついでチロシン水酸化酵素の活性化反応を行う二段階の反応で調べた（表4）。チロシン水酸化酵素の活性化にはカムキナーゼ II と活性化タンパク質の両方が必要である。しかし、チロシン水酸化酵素はリン酸化されただけでは活性化されない。カムキナーゼ II でリン酸化された後に、次に活性化タンパク質により活性化される。この活性化は二段階で起こり、この研究で初めて見

表 4：チロシン水酸化酵素はリン酸化だけでは活性化されず、リン酸化された後に活性化タンパク質が作用する

加える時間		チロシン水酸化酵素	
5分前 （あらかじめリン酸化反応）	0分 （活性測定時）	ユニット	％
なし	なし	0.484	100
カムキナーゼ II	なし	0.550	114
活性化タンパク質	なし	0.496	103
カムキナーゼ II ＋ 活性化タンパク質	なし	0.985	202
カムキナーゼ II	活性化タンパク質	0.968	200
活性化タンパク質	カムキナーゼ II	0.484	100

　　チロシン水酸化酵素をあらかじめカルシウムとカルモデュリン存在下で30℃、5分間リン酸化反応する。反応後、リン酸化反応を停止しチロシン水酸化酵素活性を測定する。5分前または0分にカムキナーゼ II と活性化タンパク質を加える。この結果は、チロシン水酸化酵素は、(1) カムキナーゼ II と活性化タンパク質それぞれ単独では活性化されないこと、(2) カムキナーゼ II と活性化タンパク質の両方が必要であること、(3) カムキナーゼ II によりあらかじめリン酸化された時に、活性化タンパク質が作用して活性化すること、を示している。

出された全く新しい活性調節機構である［6］。トリプトファン水酸化酵素の場合も同じ傾向であると考えられる（図 19）。このことは、A キナーゼによる場合はチロシン水酸化酵素がリン酸化と同時に活性化されるのとは対照的である。この新しい活性化タンパク質は多くの組織に存在することを考えると、タンパク質リン酸化を介するシグナル伝達の仲介分子として重要な役割を担っていると考えられた。

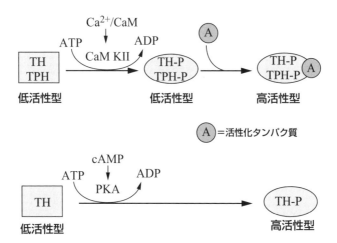

図 19：リン酸化による 2 種類の活性調節機構

　リン酸化による酵素活性の調節機構を、チロシン水酸化酵素とトリプトファン水酸化酵素を例にして示す。上：本研究で発見された新しい二段階の活性調節機構。チロシン水酸化酵素（TH）とトリプトファン水酸化酵素（TPH）はリン酸化されていなくても、基底状態の活性をもつ（低活性型）。細胞内で増加したカルシウム（Ca^{2+}）はカルモデュリンに結合しカムキナーゼ II を活性化し、チロシン水酸化酵素（TH）とトリプトファン水酸化酵素（TPH）はリン酸化される。この状態ではチロシン水酸化酵素（TH）とトリプトファン水酸化酵素（TPH）の活性は変わらず低いままである。そこに活性化タンパク質（A）がくると両酵素は活性化され高い活性をもつ活性型（高活性型）に変換する。下：一段階の活性調節機構で、いくつかの酵素で報告されている一般的な調節機構である。チロシン水酸化酵素（TH）はリン酸化されていなくても、基底状態の活性をもつ（低活性型）。刺激に反応して生成した cAMP により A キナーゼ（PKA）が活性化されチロシン水酸化酵素がリン酸化されると同時に活性型に変換する（高活性型）。

8章 カムキナーゼ II と活性化 タンパク質の発見のインパクト

本研究において、いくつかの新しい発見を報告したが、特にカムキナーゼ II と活性化タンパク質の発見は重要であろう。少なくとも発見から 40 年も経過しても研究対象となっていることから、発見のインパクトを考えてみる。

8-1. カムキナーゼ II について

脳のタンパク質がカルシウムとカルモデュリンによりリン酸化されることは 1978 年頃から、私たちを含めいくつかの研究室で認められていた。しかし、リン酸化に関わるプロテインキナーゼやリン酸化されるタンパク質については、明瞭な報告はされていなかった。カムキナーゼ II はトリプトファン水酸化酵素やチロシン水酸化酵素がリン酸化条件下でカルシウムと cAMP の作用を調べる過程で発見されたものである。すなわち、カムキナーゼ II は山内と藤澤が FEBS Lett. に 1980 年に、カルモデュリンアフィニティーカラムで脳の全てのカルモデュリン依存性プロテインキナーゼを集め、それをゲル濾過クロマトグラフィーで分離し、2 番目のピークとして得られたことからカルモデュリン依存性プロテインキナーゼ（カムキナーゼ II）として最初に報告した。カムキナーゼ II は分子量約 50 万で、脳の多くのタンパク質をリン酸化し、トリプトファン水酸化酵素の活性化に関与する新しいプロテインキナーゼであった。実際には論文を最初に Science 誌に投稿したが、審査の結果トリプトファン水酸化酵素のリン酸化が証明できていないということで却下された。この時点ではトリプトファン水酸化酵素の精製は極めて困難であり、審査員の要求には応えられないとして、投稿先を FEBS Lett. に

変更して投稿し受理された。同じ頃、いくつかの研究室でカルシウムの生理的役割が調べられており、リン酸化にカルモデュリンが関与する可能性が報告されていた [42, 43, 44, 45, 46, 47, 48, 49]。しかし、いずれの研究室からも新しいプロテインキナーゼを明確に同定することに成功しなかった。そこでカムキナーゼ II が報告されると、すぐにシナプシン（当時プロテイン A）をリン酸化するカルモデュリン依存性プロテインキナーゼが報告された [50]。さらに、多くの研究室から類似のカルモデュリン依存性プロテインキナーゼが新しい酵素として次々と報告された。

　カルモデュリン依存性プロテインキナーゼの存在は、脳の膜タンパク質のリン酸化、神経細胞を用いたリン酸化、チロシン水酸化酵素やトリプトファン水酸化酵素の活性化など、多くの研究者がその存在に気づいていたと思われる。しかし、論文として明確にそのプロテインキナーゼ分子の特徴を記載したものは報告されていなかった。私たちの研究が最初に成功したのは、脳の細胞質タンパク質のリン酸化を調べたことである。細胞質からカルモデュリンとカムキナーゼ II を含まない基質タンパク質を調製することは実験的に意外に困難である（コラム 12）。理由は、細胞質の抽出液を硫安分画し脱塩して、カルモデュリンアフィニティーカラムにかけ素通り画分を集めるだけのことだが、カルモデュリンアフィニティーカラムの容量が不足するとカムキナーゼ II が除かれないので使用できない。また、細胞質基質タンパク質はカルシウム存在でカラムを素通りするが、カルシウム濃度の調節が微妙である。濃度が高すぎるとカルシウムプロテアーゼが働き、カラムのカルモデュリンや基質タンパク質が分解される。低すぎるとカムキナーゼ II も素通りする。この点を解決するのが意外と困難で多くの研究室ではスムーズにできなかったと考えられる。

　カムキナーゼ II は、分子量約 50 万であること、脳に多く存在すること、トリプトファン水酸化酵素の活性化に関与すること、脳の多くのタンパク質をリン酸化し基質特異性が極めて広いことから、新しいカルモデュリン依存性プロテインキナーゼであることを私たちは報告した。その後、類似のキナーゼとして、シナプシン（プロテイン A）をリン酸化

するプロテインキナーゼ［51, 52］、脳に存在するカルモデュリン依存性
プロテインキナーゼ［53, 54］、グリコーゲン合成酵素をリン酸化するプ
ロテインキナーゼ［55, 56］等が相次いで新しいカルモデュリン依存性プ
ロテインキナーゼとして精製された。いずれの酵素も分子量が 30 万か
ら 50 万の比較的特徴的な分子量であった。しかし、基質特異性に関し
ては様々で、これらのプロテインキナーゼの関係は明らかでなかった。

　一方、Greengard と Cohen の共同研究によりシナプシンキナーゼと
グリコーゲン合成酵素キナーゼが同じ酵素であることが明らかにされ
た［57］。そこで、英国 Dundee 大学の Dr. Philip Cohen からカムキナー
ゼ II はグリコーゲン合成酵素キナーゼと同じ酵素の可能性があるので
調べてほしいと手紙が届いた。2 つの酵素は論文発表で比べる限り基質
特異性等が大きく異なるので違う酵素であるとの返事をしたが、重ねて
連絡してきたので調べた結果、カムキナーゼ II と同じプロテインキナー
ゼであることがわかった［58］。その結果、これらの酵素は一般にカム
キナーゼ II や CaMKII の名称で呼ばれることになり（コラム 13）、カムキ
ナーゼ II が重要なプロテインキナーゼであることが世界的に認識され
た。そして、多くの研究者達がこのカムキナーゼ II の性質や関与する生
理的現象等の研究に参加するようになり研究が活性化されることになっ
た。特に 1992 年ノーベル賞受賞者の利根川進研究室から、新しい手法
で脳のカムキナーゼ II 遺伝子を破壊しカムキナーゼ II を欠損させたマ
ウスでは、空間学習が著しく低下することが報告されたことは驚きで
あった［59］。このことはカムキナーゼ II が記憶と学習に必要であるこ
とを示し、脳の高次機能が分子レベルで解明できる足がかりが得られる
こととなった（コラム 14）。その後カムキナーゼ II の研究をはじめ脳の
分子レベルの研究が爆発的に推進され、カムキナーゼ II は記憶と学習を
支える重要な分子と考えられるようになった。現在でも研究が継続され
PubMed で検索するとタイトルや要旨欄にカムキナーゼ II が含まれる
多くの論文が毎月発表されている。

◆コラム13　カムキナーゼⅡの名称

　いつ頃、誰が略語を与えたのか知らないが、カルシウム・カルモデュリン依存性プロテインキナーゼⅡは、カルシウム・カルモデュリンを「カム」と略し、プロテインキナーゼを「キナーゼ」と略し、Ⅱはゲル濾過で溶出される分子量が2番目であることを意味し「カムキナーゼⅡ」と呼ばれている。また、海外ではカルシウム・カルモデュリンを「CaM」と略し、プロテインキナーゼを「K」と略してⅡを残し「CaMKⅡ」とも呼ばれている。「カムキナーゼⅡ」と「CaMKⅡ」はどちらも酵素の性質を短く的確に示す適切な名称であり私たちは大変嬉しく思っている。

◆コラム14　朝日新聞の記事

　1992年（平成4年）9月11日の朝日新聞夕刊にかなりのスペースを割いて、カムキナーゼⅡが「記憶の謎にせまる分子」として報道された。このとき山内は旭川医大を離れ、東京都神経科学総合研究所（都神経研）で研究を行っており取材を受けた。共同研究者の金関惠博士の撮影したカムキナーゼⅡ分子の電子顕微鏡写真とカムキナーゼⅡの分子模型と共に、ノーベル賞受賞者利根川進博士の研究室から発表されたカムキナーゼⅡが記憶と学習に重要な役割を果たすという知見が報道された。利根川等の実験内容は次のようなものであった[59]。カムキナーゼⅡは記憶と学習の中枢である海馬に特に多量に存在することに注目し、カムキナーゼⅡ（この実験ではαアイソフォーム）遺伝子を破壊したマウスを用いた研究である。遺伝子破壊マウスの作成は当時画期的な新技術であった。マウスの学習能力を調べるために水迷路実験という手法で空間学習能力を解析した。カムキナーゼⅡ遺伝子を破壊したマウスはコントロールマウスに比べ空間学習能力が著しく低下することを明らかにした。実験室の決まった場所にプールを置き水中が見えないように濁った水を入れ、そこでマウスを泳がせた。水中のある一カ所にマウスの足がつくようなプラットフォームを置き、泳ぎ疲れたマウス

が休める場所を作っておく。マウスはプラットフォームの位置を実験室全体の配置、つまり空間配置と関係付けて覚えることで学習する。このとき、正常なマウスは学習を繰り返すとプラットフォームを見つける時間が早くなったが、カムキナーゼ II 遺伝子を破壊したマウスは何回やってもプラットフォームを見つける時間が早くならず、空間学習できないことが明らかとなった。この研究からカムキナーゼ II が記憶と学習に重要な役割を果たすことが明らかとなり、その後、複雑な脳の働きが分子の働きとして理解する研究が大きく進展することとなった。

　後日、新聞で発見者として紹介された山内のもとへいくつかの手紙や電話が届き、自分の親がアルツハイマー病（認知症）なのでカムキナーゼ II を薬として使いたい、頭を良くするためにカムキナーゼ II を使いたい、脳の中でカムキナーゼ II を高める薬がほしい等々、様々な質問が寄せられた。当時は、生命科学に関する記事が少なかったにもかかわらず、関心を持つ人が多いことに驚かされた。それぞれの方々にはまだ基礎研究段階なので薬の開発にすぐに結びつかないので、研究の行方を見守ってほしいと言うような返事をした。

8-2. 活性化タンパク質と二段階活性調節機構について

　新しいタイプの活性化タンパク質は、最初トリプトファン水酸化酵素がリン酸化条件下で活性化される時に、直接リン酸化されるかどうかを解析する過程で 1981 年に発見されたものである。精製倍率の高いトリプトファン水酸化酵素を使用すると、カムキナーゼ II の精製途中にカムキナーゼ II の活性が急に測定できなくなった。そこで、他に別の活性化に関与する分子が必要であることに気づいた。この新しい活性化タンパク質の活性測定法を確立し、活性化タンパク質の存在を確実なものとした。活性化タンパク質を均一に精製し、物理化学的性質を明らかにした。この活性化タンパク質と同様のタンパク質は、自分たちが知る限り

報告されていなかった。さらにラットの組織分布や細胞内分布を調べ、すべての組織の細胞質に多量に存在することを明らかにした。また、この活性化タンパク質の作用を調べると、リン酸化されないチロシン水酸化酵素やトリプトファン水酸化酵素には働かず、これらの酵素がリン酸化されてはじめて特異的に活性化されることを明らかにした。つまり、チロシン水酸化酵素やトリプトファン水酸化酵素は最初にカムキナーゼⅡでリン酸化され、次いで活性化タンパク質により初めて活性化される二段階調節機構であることが明らかとなった。それまではリン酸化による活性調節に関しては、対象となる酵素がリン酸化されると同時に活性化される機構が一般的であり、活性化タンパク質による二段階活性調節機構はこの研究で発見された新しい調節機構である。この活性化タンパク質はリン酸化タンパク質に特異的に反応しシグナルを伝達する新しいタイプの活性化タンパク質といえる。

　ちなみに、二段階の酵素の活性化機構を発表当時（1981 年）は多くの研究者が、リン酸化による活性調節の課題に取り組んでいた。モノアミンなどの神経伝達物質の生合成と分泌の調節が cAMP とカルシウムの両方による 2 つの異なる調節機構により複雑な調節受けるという実験結果は、神経化学分野で高く評価されることとなった。

　一方、リン酸化タンパク質がそのままでは活性が変わらないが別のタンパク質が結合することによりリン酸化シグナルが伝達されるという現象が注目されるまでにかなりの時間がかかった。すなわち、がん遺伝子の産物のひとつである Src ファミリーのチロシンキナーゼによりタンパク質のチロシン残基がリン酸化されると、SH2 ドメイン（Src チロシンキナーゼに共通して存在する構造単位のひとつ）をもつタンパク質がリン酸化サイトに結合しシグナル伝達されることが 1986 年に発表されるまで待たなければならなかった [60]。その後多くの研究から Src ファミリーのチロシンキナーゼによる SH2 ドメインを介するリン酸化シグナル伝達が、細胞外のシグナルに応答してタンパク質がリン酸化され、そのリン酸化部位に別のタンパク質が結合してシグナル伝達される重要な調節機構として広く知られるようになった [61]。カムキナーゼⅡと

活性化タンパク質による二段階調節機構によるシグナル伝達を明らかに
したことは注目に値するが、約5年間もリン酸化を介する新しいシグナ
ル伝達機構が注目されなかったことを意味しており、競争の激しい分野
における盲点となっていたように思われる。

　この活性化タンパク質は脳に多く存在するが、その他の組織にも多量
に存在することから、その作用は多岐にわたることが考えられた。私た
ちはその時点では脳の研究を精力的に行っていたので、当面は活性化タ
ンパク質に関する研究は今後のテーマとして残しておいた。そのまま数
年が経過したある日、東京都立大学の礒辺利明博士から電話を受けた。
内容は、自分たちは脳の研究を試みており、第一ステップとして、
14-3-3タンパク質と思われるタンパク質を精製し物理化学的性質を解
析すると、思いがけず私たちの発見した活性化タンパク質とほぼ一致し
た。そこで自分たちの精製したタンパク質が、カムキナーゼⅡによりチ
ロシン水酸化酵素やトリプトファン水酸化酵素を活性化するかどうか調
べてほしいというものであった。14-3-3タンパク質は何年も前（1960
年代）に脳のタンパク質を電気泳動で分離し、それぞれのスポットに順
に番号付けしたスポットの一つであって、分子の性質や分布・役割は全
く明らかになっていないようであった。礒辺らの精製した14-3-3タン
パク質と思われるスポットのタンパク質と私たちの活性化タンパク質は
チロシン水酸化酵素やトリプトファン水酸化酵素の活性化に差がなく、
両者は同じタンパク質であることが明らかとなった。礒辺らは私たちと
の共同研究として、この活性化タンパク質を14-3-3タンパク質として
1987年に論文発表した［62］。私たちはこのタンパク質の研究を先送り
していたので、礒辺らはこのタンパク質の研究を進めることになった。
しかし、私たちは1981年に活性化タンパク質について、次のようないく
つかの重要な示唆に富む結果を報告している［5, 6］。1.　あるタンパク
質がプロテインキナーゼによりリン酸化されて初めて作用するという考
え、2.　脳では細胞質タンパク質の1％近くも存在すること、3. ほとんど
の組織に存在すること等である。もし誰かが気づいて活性化タンパク質
を精製しアフィニティーカラムを調製し、Aキナーゼ、カムキナーゼ

II、C キナーゼ等でリン酸化したタンパク質を分離してその性質を明らかにすれば、研究の展開は全く異なっていたかもしれない。

このように活性化タンパク質は、脳に多量に存在するばかりでなく、ほとんどの組織にも存在しており、リン酸化シグナル伝達に関わることが示唆されていた。しかし、5-6 年間も研究者が誰も関心を示さなかったことは、研究の進展が極めて早い生化学分野の研究において、誠に不思議なことであり、基礎研究における研究テーマの選択の重要性を考えさせられるものである。

その後（1986-7 年頃から）DNA クローニング技術が発展し、多くの研究者がその技術を取り入れてタンパク質や酵素の研究の幅が大きく広がることになった。礒辺らはタンパク質の構造研究から新しくクローニング技術を駆使して研究し、14-3-3 タンパク質は、7 種のアイソフォームが存在し、ほとんどすべての組織に存在する重要な分子であり、1 つのファミリーを形成することを明らかにした。その結果 14-3-3 タンパク質はリン酸化を介するシグナル伝達に多様な働きを持つタンパク質として注目されるようになった。そして多くの研究者が 14-3-3 タンパク質の性質や生理的役割等の研究に参加し活発に研究されている。現在でも PubMed で検索するとタイトルや要約欄に 14-3-3 タンパク質が含まれる論文が毎月多数発表されており、研究が継続されていることがわかる。

9章 ゼロから出発した基礎研究の進展

　カムキナーゼⅡおよび新しいタイプの活性化タンパク質と二段階調節機構は、新設旭川医大で発見された重要な成果であると認識される。この2つの分子は、それぞれ進化の過程で高度に保存されそれぞれ1つの重要なファミリーを形成するタンパク質である。2つのタンパク質は細胞内含量も高く、多彩な生理機能を担っていることから多くの研究者が求めていた可能性が考えられるが、何故か発見されていなかった。

　本研究は、新設の医科大学で文字通りゼロからの出発であった。旭川医大の研究は、日本の中では平均的な生化学研究室で実施された基礎研究である。研究室のスタッフは、藤澤は医学部、山内と中田は薬学部、山口と木谷は理学部、奥野は家政学科とそれぞれ異なる学部から集まり、多様性に富んだ面白い研究室で全員研究意欲に満ちていた。研究テーマも複数に分かれていたが、本書で述べた研究の実験部分は主に山内が担った。

　実験内容は、酵素活性の測定、タンパク質の分離と精製、タンパク質分子の分析を一つ一つ丁寧に行い、実験の再現性を確認しながらデータを積み上げていくといった極めて単調で地味な作業の連続であり、基礎的な実験の繰り返しであった。それでは、研究が何故それほど面白いのか。言い換えれば**基礎研究がなぜそんなに魅力があるのか**。それは一言でいえば、「自然は偉大である」ということである。要領の得ない答えであるが、「**人の体は本当に不思議である**」と言い換えてもよい。先人達の多くの研究があるにもかかわらず、いまだに未知のことが多くある。その中で興味のある対象を選び、それをできるだけ深く多く知りたいと願い、**誰も知らない新しい知見を加える**ことにある。要するに「**自然との知恵比べをしている**」感覚である。その対象として私たちは「**脳の不思**

議」に挑戦した。持てる知識をフル活動して研究した結果、ほんの少しの成果が得られた。その成果が多くの研究者により大きく発展し現在に至っている。身近な例で考えると、記憶と学習といった毎日の生活に欠かせない脳の働きにはカムキナーゼⅡが非常に大切な働きをしていることがわかってきたことである（図20）[1, 2]。

　ヒトがさまざまな外部の刺激を受けると、それに対応してそれぞれの知覚神経を通して、脳へ伝達される。脳では最初に記憶中枢の海馬に刺激が伝達される。このとき、刺激が海馬のニューロン（神経細胞）に到達すると、カルシウムが細胞内に流入し、最初にカムキナーゼⅡが活性化される。活性化されたカムキナーゼⅡは様々な機能性タンパク質をリン酸化する。その結果、ニューロンは刺激に応答して、様々な生理的効果を現す。ここに言う「様々な生理的効果を現す」分子機構の多くは解明されておらず重要な研究対象となる。ついで、海馬から大脳に刺激が到達すると記憶として保存される。この記憶保存の分子機構も明らかでない。一度覚えた記憶は必要に応じて引き出して使用する。この引き出す機構も明らかでない。ほぼ確からしいことは記憶と学習の過程でカムキナーゼⅡが重要な働きをしていることである。100種類以上ものタンパク質がカムキナーゼⅡの基質として働いており、どのような刺激でどのようなタイミングで作用するかについて解明するべきことが多く残されている。高齢になると罹患率が高くなる認知症は、脳の海馬細胞の死によりシナプスが失われることが主たる原因となるが、特定のニューロンが何故死ぬのかについてはよくわかっていない。基本的には、大脳に記憶するときに思うようにできないことと、必要な時に記憶を取り出せないことが原因で一つの病的な症状として現れる。記憶の分子機構や神経細胞死の機構等が明確にならないために、病気の治療が困難を極めている。

　それではもう１つの成果、カテコールアミンとセロトニンの生合成の調節も見てみよう。ドーパミンニューロンではチロシン水酸化酵素がリン酸化・脱リン酸化により活性調節されることで伝達物質のドーパミン生合成が調節される。それにより、情動や体の動きなど高度な神経活動

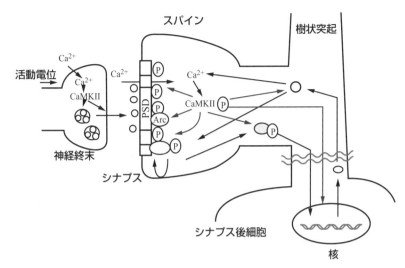

図 20：シナプスにおけるシグナル伝達のカムキナーゼ II による調節　[2]

　神経が刺激を受け活動電位が神経終末に達すると、局所的にカルシウム（Ca^{2+}）が上昇し、グルタミン酸神経では分泌顆粒に貯蔵されている伝達物質のグルタミン酸が開口放出機構によりシナプス間隙に放出される。カムキナーゼ II は放出過程の調節にも関与する。放出されたグルタミン酸は、シナプス後細胞のシナプス後肥厚（PSD）に存在する受容体に結合する。強い刺激によりグルタミン酸が多量に放出された場合は、AMPA 受容体と NMDA 受容体が活性化され、Ca^{2+} がシナプス後細胞に流入する。Ca^{2+} はカルモデュリンに結合し、カムキナーゼ II を活性化する。活性化したカムキナーゼ II は自己リン酸化され、PSD に移行し、PSD の種々のタンパク質をリン酸化する。同時に、活性化したカムキナーゼ II はシナプス後細胞において種々のタンパク質をリン酸化する。リン酸化されたタンパク質は、その活性が変化しシグナル伝達経路が活性化される。シグナルが核に伝達され、新しいタンパク質が合成され、新しいシナプスが形成され安定化される。シナプス形成に伴い、シナプスの伝達効率が高まり、その状態が固定されることにより、記憶される。強い神経刺激により誘導された、Arc はカムキナーゼ II の作用を増強する。

用語）
・シナプス後肥厚（PSD）：シナプス後細胞にあり電子顕微鏡的に厚みをもった構造体として認識される。シナプス伝達の中心部位であり、種々の伝達物質の受容体やイオンチャンネルがある。
・開口放出機構；シナプス前細胞から神経伝達物質が放出される際に、神経伝達物質を蓄えた分泌顆粒は細胞膜と融合して開き伝達物質を放出する機構。
・AMPA 受容体と NMDA 受容体：グルタミン酸受容体の一種で、グルタミン酸が結合するとカルシウムが流入するカルシウムチャンネルである。シグナル伝達における役割が異なる。
・Arc：シナプス後細胞が強く活性化されると、急速に遺伝子発現が上昇しタンパク質が増加する。シナプスにおける役割は明確でないが、カムキナーゼ II の働きを高める。

が維持されている。パーキンソン病は脳幹の黒質線条体のニューロンが特異的に脱落する病気であり、神経伝達物質のドーパミンによる神経伝達の不調によるものである。ドーパミンを補うためにドーパを投与し機能回復を試みるが、ニューロンの死までは抑えない。パーキンソン病では特定の神経細胞のみが何故失われるのか原因がわからず、治療が困難な状況である。また、セロトニンニューロンではトリプトファン水酸化酵素がリン酸化・脱リン酸化を受けることにより、伝達物質の供給を調節し、感情や精神状態をコントロールしている。鬱病などの神経疾患にはセロトニンニューロンが関与することが知られている。これらの神経疾患はセロトニンの生合成や分泌の調節の乱れにより引き起こされる。何故そのような乱れが起こるのかについての分子機構は多くの場合明らかにされていない。

　神経機能調節を生化学の酵素レベルで明らかにすることは、私たちが研究を開始した頃には世界的に見ても未知の研究領域であり、発表論文は少なく、研究結果も一致した見解が得られていなかった。私たちが明らかにした試験管内でのリン酸化による酵素の活性調節機構は極めて明解な結果であった。このように、基礎研究の魅力は「**複雑な脳における様々な生理的効果を現す**」分子機構の解明に近づくことができることであり、何にものにも代え難い。

　ヒトはじめ多くの生物種の遺伝子が解明され、実際に生体を構成するタンパク質分子の数は2万分子程と予測されている。この数は遺伝子のサイズから考えると驚くほど少ない分子数である。旭川医大において、カムキナーゼⅡと活性化タンパク質（14-3-3タンパク質）のように、それぞれが1つの重要なファミリーを形成する分子を、最初に発見できたこと、また、タンパク質リン酸化による二段階調節機構の発見は奇跡的な出来事かもしれない。今後は新しいタンパク質分子を発見するチャンスは少なくなり、しかもファミリーを形成しているような重要なタンパク質を発見するチャンスは極めて少ないと考えられる。それに代わって、タンパク質分子のみならず分子間の相互作用や、細胞間の情報交換や制御法など新しい機構の発見など、研究の質が変化するものと考えら

れる。昭和の生化学実験の記録であるが、今思えば比較的単純な実験であったかもしれない。その時代の最先端と信じた研究で思いがけない分子の発見に出会ったことはこの上もなく幸運なことと思う。

謝　　辞

　若くしてお亡くなりになられた藤澤仁教授は旭川医科大学の創設時から研究室を整備し、新しいテーマで研究を推進し多くの成果をあげられました。私は藤澤教授と最初から一緒に研究室の整備等に従事し、神経機能を分子の働きとして理解することを目的に研究し、カテコールアミンとセロトニンなどの神経伝達物質の生合成の調節にリン酸化を介する新しい調節機構を明らかにしました。さらに、カムキナーゼⅡと活性化タンパク質（後に14-3-3タンパク質として研究が進展した）の発見と二段階調節機構の発見に携わることができました。藤澤仁教授に衷心より感謝申し上げます。また、藤澤夫人には私たち家族も大変お世話になりましたこと心よりお礼申し上げます。研究室の最初のスタッフである山口睦夫助手、中田裕泰助手、木谷隆子技官、奥野幸子技官は文字通りゼロからの出発でしたが、数々の研究成果をあげることに大いに貢献されました。一緒に研究室の発展に貢献できたことを嬉しく思います。旭川医大の教職員や学生、大学に出入りする業者の方々、新鮮な臓器を提供して下さった食肉センターの横田獣医はじめそこで働く方々、養鶏所の方々にも多大なご協力をしていただきましたことにお礼申し上げます。

　お亡くなりになられた早石修京都大学名誉教授は、薬学部出身の私を医学部医化学教室に研究生とし受け入れて下さり、ご指導いただきました。また、新設の旭川医大の助教授に推薦していただきました。早石教授は山田守英旭川医大初代学長と軍隊時代から親しくお付き合いされていることで、藤澤教授とともに私を推薦して下さいました。私が定年まで研究生活を送ることができましたのはひとえに早石教授のおかげであります。早石教授にはお世話になるばかりでしたが、心から感謝申し上げます。京都大学の医化学教室では山本尚三助教授（徳島大学名誉教授）には、酵素のダイナミックな研究をご指導いただき、いつも温かく

見守って下さいましたこと、お礼申し上げます。また、医化学教室では、野崎光洋助教授（滋賀医科大学名誉教授）、岡本宏助手（東北大学名誉教授）、上田國寛助手（京都大学名誉教授）はじめ多くの教室員の皆様に親しくしてもらったことが自分の研究における経験に大いにプラスになりました。医化学教室の皆様に感謝申し上げます。

　京大医化学教室在籍中に私は心臓の手術を行いました。医化学教室、薬学部の同級生や生化学研究室の方々には手術のご協力と励ましをいただき大変心強く思いました。また、手術や治療に関わられた京都大学病院の医師や看護師の方々に大変お世話になりました。皆様に心よりお礼申し上げます。

　Seymour Kaufman 博士（NIH の Neurochemistry 研究室の Laboratory Chief）は1年間留学を認めていただき、神経科学分野の研究のきっかけを与えて下さいました。Kaufman 博士と研究室の方々に感謝いたします。また、ノーベル賞受賞者の本庶佑博士（京都大学名誉教授）と中西重忠博士（京都大学名誉教授）は1年間医化学教室で一緒に過ごしましたが、当時は NIH で研究生活を送られていました。二人にはアメリカ留学中には私の慣れない海外生活を大いに支えていただき、お世話になるばかなりで、その上ご迷惑もおかけし申し訳なく思っています。また、本庶夫人と中西夫人には私の妻が生活面で色々お世話していただきました。本庶佑博士ご夫妻と中西重忠博士ご夫妻に心よりお礼申し上げます。

　図2のカムキナーゼ II の電子顕微鏡写真は、神経科学総合研究所（都神経研）に移ってから新しい仲間と研究し得られた結果です。脳から均一に精製したカムキナーゼ II を金関恵参事研究員が電子顕微鏡で写真撮影したものです。美しい分子を目で見ることができたことに非常に感銘しました。研究所では多く研究室の方々との共同研究を行うことができました。皆様に深謝申しあげます。都神経研から徳島大学薬学部に移りましたが、徳島大学でも学生や教職員はじめ多くの方々と共に定年まで研究生活が送れたことを心より嬉しく思います。徳島大学を定年退職後には客員研究員として受け入れて下さった都神経研そして現在の東京

都医学総合研究所、山形要人副参事研究員と杉浦弘子博士にお礼申し上げます。

　また、研究生活の中で生化学、分子生物学、神経科学、医学、薬学分野の多くの研究者の方々と親しく交流でき、様々な支援や助言などを頂いたことを幸せに思います。皆様のご健康とご活躍をお祈り申し上げます。

　妻の眞弓は終始私と共に生活し、寒い北海道の旭川医大に転職することになっても支えてくれました。二人の娘も立派に育ててくれました。私たちは旭川を出て東京都、ついで徳島市へと転居しましたが共に行動してきました。眞弓にはいくら感謝の言葉を言っても言い尽くすことはできません。また、両親は故人となりましたが、兄弟のなかで一人全く違う研究生活に入った私のことを温かく見守ってくれました。兄弟も私のことを自由にさせてくれました。心より感謝しています。

　出版に際しては、三省堂書店／創英社の加藤歩美様に大変お世話になりました。お礼申し上げます。

令和3年2月

参 考 資 料

　酵素活性測定条件をまとめて記載する。酵素反応液の成分で、括弧内または（注）に加えた理由を簡単に記載した。

1. チロシン水酸化酵素活性の標準的反応液の組成は：
　　100 mM MES バッファー、pH 6.1
　　200 μM チロシン
　　800 μM 6-メチルテトラヒドロプテリン（6-MPH$_4$）（補酵素）
　　40 mM 2-メルカプトエタノール（酵素の SH 基を安定化するため）
　　100 μg カタラーゼ（過酸化水素の生成を抑制し酵素を安定化するため）
　　酵素溶液　全量 0.5 mL
　　反応は 30 ℃、10 分間行う。

2. チロシン水酸化酵素のリン酸化による活性化を調べる場合は、最初にリン酸化反応を行い、リン酸化反応を停止した後、チロシン水酸化酵素活性測定する 2 段階の反応を行う。標準反応液条件を示す。
　1）チロシン水酸化酵素をリン酸化条件で反応　→　2）リン酸化反応を停止し、チロシン水酸化酵素活性を測定する。
　1）リン酸化反応の反応液組成は：
　　20 mM リン酸バッファー、pH 6.8
　　50-100 μM ATP
　　5 μM cAMP
　　5 mM MgCl$_2$
　　1.4 mM NaF

5-12 µg A キナーゼ

チロシン水酸化酵素　全量 70-100 µL

反応は 30 ℃、5 分間行う。

2）リン酸化反応を行った後のチロシン水酸化酵素活性測定の反応液組成は：

100 mM HEPSE バッファー、pH 6.8

200 µM チロシン

100 µM 6-MPH4

1 mM EDTA（リン酸化反応を停止するため）

100 µg カタラーゼ

酵素溶液　全量 0.5 mL

反応は 0 ℃、10 分間行う。

（注）

・NaF はプロテインホスファターゼ阻害剤であり、リン酸化反応中の脱リン酸化を阻害するために使用。

・プロテインキナーゼは A キナーゼも含め $ATP-Mg^{2+}$ を基質として ATP の γ-リン酸基をタンパク質に転移させるため Mg^{2+} が存在しないと反応できない。リン酸化反応を停止するため EDTA で Mg^{2+} を除く。

3．チロシン水酸化酵素にリン酸基が取り込まれることはアイソトープでラベルした γ-^{32}P ATP を用い ^{32}P リン酸基がチロシン水酸化酵素に取り込まれることを調べる。

リン酸化反応の反応液組成は（上記 2-1 の反応液の組成と同じであるが ATP の代わりに γ-^{32}P ATP を用いる）：

20 mM リン酸バッファー、pH 6.8

50-100 µM γ-^{32}P ATP

5 µM cAMP

5 mM $MgCl_2$

　　　1.4 mM NaF

　　　5-12 μg A キナーゼ

　　　チロシン水酸化酵素　全量 70-100 μL

　　　反応は 30 ℃、5 分間行う。

4.　リン酸化条件下における活性化したリン酸化チロシン水酸化酵素の
脱リン酸化条件での元の活性への回復を調べる。

　　　脱リン酸化反応の反応液組成は：

　　　20 mM リン酸バッファー、pH 6.8

　　　5 mM $MgCl_2$

　　　リン酸化チロシン水酸化酵素（副腎髄質の細胞質）　全量 100 μL

　　　反応は 30 ℃、30 分間行う。

　　　副腎髄質の細胞質を用いる場合には、内在性のチロシン水酸化酵素、
A キナーゼ、プロテインホスファターゼを用いる。

5.　トリプトファン水酸化酵素活性の標準的な反応液の組成は：

　　　100 mM リン酸バッファー、pH 7.1

　　　400 μM トリプトファン

　　　300 μM 6-MPH$_4$

　　　2 mM ジチオスレイトール（酵素の SH 基の安定化のため）

　　　2.5 mM EDTA

　　　50 μg カタラーゼ

　　　トリプトファン水酸化酵素　全量 0.4 mL

　　　反応は 30 ℃、20 分間行う。

6.　トリプトファン水酸化酵素のリン酸化反応の反応液組成は：

　　　40 mM HEPES バッファー、pH 7.1

　　　500 μM ATP

5 mM MgCl$_2$

100 µM CaCl$_2$

100 µM EGTA

5 mM NaF

脳幹の細胞質抽出液（トリプトファン水酸化酵素とプロテインキナーゼが含まれる）

全量 100 µL

反応は 30 ℃、10 分間行う。

7. カルモデュリン依存性プロテインキナーゼ活性はトリプトファン水酸化酵素の活性化を指標にして測定する。この段階では、反応中にトリプトファン水酸化酵素が不活性化されることを避けるために、活性化反応とトリプトファン水酸化酵素活性の測定を同時に行う。

反応液の組成は：

50 mM HEPES バッファー、pH 7.2

0.5 mM ATP

5 mM Mg(CH$_3$COO)$_2$

0.12 mM CaCl$_2$

0.1 mM EGTA

10 mM NaF

100 nM カルモデュリン

0.4 mM トリプトファン

0.3 mM 6-MPH$_4$

0.05 mM Fe(NH$_4$)$_2$(SO$_4$)$_2$（精製トリプトファン水酸化酵素の安定化のため）

2 mM ジチオスレイトール

100 µg カタラーゼ

トリプトファン水酸化酵素

カムキナーゼ II を含む標品

全量 0.4 mL

反応は 30 ℃、20 分間行う。

8. 新しい活性化タンパク質の活性測定

活性化タンパク質はカムキナーゼ II の存在下でトリプトファン水酸化酵素の活性化を指標にして測定する。

反応液組成は:

50 mM HEPES バッファー、pH 7.0

0.4 mM トリプトファン

0.3 mM 6-MPH$_4$

0.5 mM ATP

5 mM Mg(CH$_3$COO)$_2$

0.12 mM CaCl$_2$

0.1 mM EGTA

100 nM カルモデュリン

0.05 mM Fc(NH$_4$)$_2$(SO$_4$)$_2$

2 mM ジチオスレイトール

100 µg カタラーゼ

0.04 unit トリプトファン水酸化酵素（精製倍率の高い酵素）

十分量のカムキナーゼ II

活性化タンパク質

全量 0.4 mL

反応は 30 ℃、20 分間行う。

参 考 文 献

1. Yamauchi, T.(2005) Biol. Pharm. Bull. 28, 1342-1354

2. 山内　卓(2007) YAKUGAKU ZASSHI 127, 1173-1197

3. Yamauchi, T. and Fujisawa, H.(1980) FEBS Lett. 116, 141-144

4. Kanaseki, T., Ikeuchi, Y., Sugiura, H. and Yamauchi, T.(1991) J. Cell Biol. 115, 1049-1060

5. Yamauchi, T., Nakata, H. and Fujisawa, H.(1981) J. Biol. Chem. 256, 5404-5409

6. Yamauchi, T. and Fujisawa, H. (1981) Biochem. Biophys. Res. Commun. 100, 807 813

7. Yamaguchi, M., Yamauchi, T., and Fujisawa, H. (1975) Biochem. Biophys. Res. Commun. 67, 264-271

8. Kaufman, S. and Fisher, D. B.(1974) in Molecular Mechanisms of Oxygen Activation(Hayaishi, O., ed) pp.285-369, Academic Press

9. Nagatsu, T., Levitt, M., and Udenfriend, S.(1964) J. Biol. Chem. 239, 2910-2917

10. Grahame-Smith, D. G.(1964) Biochem. Biophys. Res. Commun. 16, 586-592

11. Lloyd, T., and Kaufman, S.(1974) Biochem. Biophyd. Res. Commun. 59, 1262-1270

12. Iverius, P. H.(1971) Biochem. J. 124, 677-683

13. Harris, J. E., Morgenroth, V. H., III, Roth, R. H., and Baldessarini, R. J. (1974) Nature 252, 156-158

14. Morgenroth, V. H., III, Hegstrand, L. R., Roth, R. H., and Greengard, P. (1975) J. Biol. Chem. 250, 1946-1948

15. Harris, J. E., Baldessarini, R. J., Morgenroth, V., H., III, and Roth, R. H. (1975) Proc. Natl. Acad. Sci. U.S.A. 72, 789-793

16. Lloyd, T. and Kaufman, S. (1975) Biochem. Biophys. Res. Commun. 66, 907-917

17. Goldstein, M., Bronaugh, R. L., Ebstein, B. and Roberge, C. (1976) Brain Res. 109, 563-574

18. Lovenberg, W., Bruckwick, E.A., and Hanbauer, I. (1975) Proc. Natl. Acad. Sci. U.S.A. 72, 2955-2958

19. Hoeldtke, R. and Kaufman, S. (1977) J. Biol. Chem. 252, 3160-3169

20. Morita, K., Oka, M. and Izumi, F. (1977) FEBS Lett. 76, 148-150

21. Nagatsu, T., Levitt, M., and Udenfriend, S. (1964) Anal. Biochem. 9, 122-126

22. Waymire, J. C., Bjur, R., and Weiner, N. (1971) Anal. Biochem. 43, 588-600

23. Nagatsu, T. and Yamamoto, T. (1968) Experientaia 15, 1183-1184

24. von Euler, U. S., and Floding, I. (1955) Acta Physiol. Scand. 33, Suppl. 118, 45-56

25. Yamauchi, T. and Fujisawa, H. (1978) Anal. Biochem. 89, 143-150

26. Yamauchi, T. and Fujisawa, H. (1979) J. Biol. Chem. 254, 503-507

27. Yamauchi, T. and Fujisawa, H. (1978) Biochem. Biophys. Res. Commun. 82, 514-517

28. Yamauchi, T. and Fujisawa, H. (1979) J. Biol. Chem. 254, 6408-6413

29. Hamon, M., Bourgoin, S., Héry F. and Simonnet, G. (1978) Mol. Pharmacol. 14, 99-110

30. Kuhn, D. M., Vogel, R. L., and Lovenberg, W. (1978) Biochem. Biophys. Res. Commun. 82, 759-766

31. Yamauchi, T. and Fujisawa, H. (1980) Biochem. Int. 1, 98-104

32. Fujisawa, H., Yamauchi, T., Nakata, H. and Okuno, S. (1982) in Oxygenases and Oxygen Metabolism ; A Symposium in Honor of Osamu Hayaishi (Nozaki, M., Yamamoto, S., Ishimura, Y., Coon, M.J.,

Ernster, L. and Estabrook, R. W. eds) pp.281-292, Academic Press

33. Yamauchi, T. and Fujisawa, H.(1979) Arch. Biochem. Biohys. 198, 219-226

34. Yamauchi, T. and Fujisawa, H. (1979) Biochem. Biophys. Res. Commun. 90, 28-35

35. Drummond, G. I. and Bellward, G.(1970) J. Neurochem. 17, 475-482

36. Ozawa, E.(1973) J. Neurochem. 20, 1487-1488

37. Dabrowska, R, and Hartshorne, D. J.(1978) Biochem. Biophys. Res. Commun. 85, 1352-1359

38. Takai, Y., Kishimoto, A., Kikkawa, U., Mori, T. and Nishizuka, Y. (1979) Biochem. Biophys. Res. Commun. 91, 1218-1224

39. Yamauchi, T. and Fujisawa, H. (1979) Biochem. Biophys. Res. Commun. 90, 1172-1178

40. Yamauchi, T. and Fujisawa, H.(1983) Eur. J. Biochem. 132, 15-21

41. Yamauchi, T. and Fujisawa, H. (1981) Biochem. Biophys. Res. Commun. 100, 807-813

42. Yagi, K., Yazawa, M., Kakiuchu, S., Ohshima, M., and Uenishi, K. (1978) J. Biol. Chem. 253, 1338-1340

43. Dabrowska, R, Sherry, J. M. F., Aromatorio, D.K. and Hartshorne, D. J.(1978) Biochemistry 17, 253-258

44. Dabrowska, R. and Hartshorne, D. J.(1978) Biochem. Biophys. Res. Commun. 85, 1352-1359

45. Cohen, P., Burchell, A., Foulkes, J. G., Cohen, P.T.W., Vanaman, T. C. and Nairn, A. C.(1978) FEBS Lett. 92, 287-293

46. Srivastava, A. K., Waisman, D. M., Brostrome, C. O. and Soderling, T. R.(1979) J. Biol. Chem. 254, 583-586

47. Waisman, D. M., Singh, T. J. and Wang, J.H.(1978) J. Biol. Chem. 253, 3387-3390

48. Schulman, H. and Greengard, P.(1978) Proc. Natl. Acad. Sci. U.S.A. 75, 5432-5436

49. DeLorenzo, R. J., Freedman, S. D., Yohe, W. B. and Maurer, S. (1979) Proc. Natl. Acad. Sci. U.S.A. 76, 1838-1842

50. Kennedy, M. B., and Greengard, P. (1981) Proc. Natl. Acad. Sci. U.S.A., 78, 1293-1297

51. Kennedy, M. B., McGuinness, T. L. and Greengard, P. (1983) J. Neurosci. 3, 818-831

52. Bennett, M. K., Erondu, N. E., and Kennedy, M. B. (1983) J. Biol. Chem. 258, 12735-12744

53. Goldenring, J. R., Gonzalez, B., McGuire, J. S., Jr., and DeLorenzo, R. J. (1983) J. Biol. Chem. 258, 12632-12640

54. Fukunaga, K., Yamamoto, H., Matsui, K., Higashi, K. and Miyamoto, E. (1982) J. Neurochem. 39, 1607-1617

55. Woodgett, J. R., Davison, M. T. and Cohen, P. (1983) Eur. J. Biochem. 136, 481-487

56. Payne, M. E., Schworer, C. M. and Soderling, T. R. (1983) J. Biol. Chem. 258, 2376-2382

57. McGuinness T. L., Lai Y., Greengard P., Woodgett J. R., and Cohen P. (1983) FEBS Lett., 163, 329-334

58. Woodgett, J. R., Cohen, P., Yamauchi, T. and Fujisawa, H. (1984) FEBS Lett. 170, 49-54

59. Silva, A.J., Paylor, R., Wehner, J.M. and Tonegawa, S. (1992) Science 257, 206-211

60. Sadowski I., Stone J. C. and Pawson T. (1986) Mol. Cell. Boil., 12, 4396-4408

61. Koch C. A., Anderson D., Moran M. F., Ellis C., and Pawson T., (1991) Science 252, 668-674

62. Ichimura, T., Isobe, T., Okuyama, T., Yamauchi, T. and Fujisawa, H. (1987) FEBS Lett. 219, 79-82

〈著者略歴〉

山内　卓（やまうち　たかし）

　1941 年生まれ。京都府出身。1965 年京都大学薬学部卒業。1970 年同大学院薬学研究科博士課程修了。1970 年京都大学医学部研究員。1973 年旭川医科大学医学部講師。1975 年同助教授。1987 年東京都神経科学総合研究所副参事研究員。1993 年徳島大学薬学部教授。2004 年同大学院ヘルスバイオサイエンス研究部教授。2007 年徳島大学名誉教授。2007 年東京都神経科学総合研究所客員研究員。2011 年東京都医学総合研究所客員研究員。2005 年日本薬学会学術貢献賞受賞。

記憶と学習を支える分子カムキナーゼⅡの発見
基礎研究の方法と魅力

2021 年 3 月 1 日　初版発行

著　　者　　山内　卓

発行・発売　株式会社三省堂書店／創英社

〒 101-0051　東京都千代田区神田神保町 1-1

　　　　　　Tel：03-3291-2295　Fax：03-3292-7687

印刷／製本　三省堂印刷株式会社

ISBN　978-4-87923-082-9　C3047